食粥

马以工·著

湖南人民出版社·长沙

本著作物经北京时代墨客文化传媒有限公司代理，经新经典图文传播有限公司授权，在中国大陆出版、发行中文简体字版本。

本作品中文简体版权由湖南人民出版社所有。
未经许可，不得翻印。

图书在版编目（CIP）数据

食粥 / 马以工著. -- 长沙：湖南人民出版社，2025.6
ISBN 978-7-5561-3702-2
I. TS972.137
中国国家版本馆CIP数据核字2024AE1335号

食粥
SHIZHOU

著　　者：马以工
出 版 人：张勤繁
产品经理：杨诗文
责任编辑：张玉洁
特邀编辑：章　程　吴　静
封面设计：林　林
内文排版：阿　星

出版发行：湖南人民出版社［http://www.hnppp.com］
地　　址：长沙市营盘东路3号　　邮　编：410005　　电　话：0731-82683357
印　　刷：长沙艺铖印刷包装有限公司
版　　次：2025年6月第1版　　　　　　　　印　次：2025年6月第1次印刷
开　　本：880 mm ×1230 mm　1/32　　　　印　张：6.25
字　　数：140千字
书　　号：ISBN 978-7-5561-3702-2
定　　价：59.80元

营销电话：0731-82221529（如发现印装质量问题请与出版社调换）

推荐序

粥之味，相让以成
—— 读马以工《食粥百味足》[①]

张大春

宋代大文学家苏东坡写过一首诗《鳆鱼行》，刚结束黄州五年的工作转任登州太守的他，挥笔写"鲍鱼"，热情地吟赞。文章开始就提出他对物欲的思考，其中"两雄（王莽、曹操）一律盗汉家，嗜好亦若肩相差"两句，说王莽和曹操这两个历史上的枭雄，求名逐权之外，跟他一样嗜吃鲍鱼。中间洋洋洒洒写鲍鱼的美味、历史掌故、采捕困难、价值不斐，文末则话锋一转，说后人总是简化了历史人物的忠奸善恶，所以对王莽和曹操下了定论。那么对他呢？

[①]《食粥百味足》系繁体版原书名，《食粥》编者对此做了改动。——编者注（后文若未明确说明，均为编者注）

▲ 台北故宫博物院藏清朱耷《东坡朝云图》

世之厄饌盈味京坡各篆自有為之
帥者惟它入釜成粥則水火二物始
為定主方是時也葷腥蔬果鮮
腐漬浸各守其分既不便奪它味
亦不甘失己味此之謂際會東坡詞曰
最難名何則蓋無主也易云群龍無

東坡鰻魚行別有懷抱開篇即說嗜
欲乏詞曰兩雄一律盜潢家嗜好亦
若肩相差是以嗜食舣必飆大節固
理據無憑乃可笑亦可恨
凌人辨忠奸徒泥簡要故芹採二
雄以即大體定論

首此境至也另水飯非粥一等蓋因不
以味求之之故近代皮蓉戲為盆記中
趙大饗劉世昌以菜豆水飯可知乏
牢為山崦賤戶添水充飢以聞耳初
讀大作畧作呻吟聊勝唔啞無聊根多
年篤文癸卯立秋後一日大春拜白

民元陵甲子吳稚老于右老篆
攦粥會呂以粥會友以友輔仁之
目旨在閒話家常咲談古今居傳
於丁福保家粥之果能成乏為一
饌弦以融會貫通水火既濟為
要乃云百味足者各相讓也

▲ 张大春评《鳀鱼行》

民国之后的第一个甲子年（1924），民国要人于右任等人在乱世中举办"粥会"，所谓"粥会"，其创办宗旨就是借着分享粥食促进友谊，以便进一步邀集众人从事仁义之事。"粥会"的举行，经常是在轻松氛围下，众人闲谈家常、纵论古今，而聚会地点则选在学贯中西的佛学居士、文字学家丁福保家中。

这位民国大佬当年为什么要用"粥"的名义邀集众人聚会呢？粥食的特点在于它能够融合不同的食材和风味，达到水火既济的效果。世间的美味千变万化，每道菜肴都有其独特的味道，唯当入锅中熬煮成粥，食材不再争抢展现各自风采，此时只有水和火居主宰地位。不论是荤食、蔬菜或水果，不论是新鲜或是腐渍，粥里的食材既不侵夺其他食材的风味，也不放弃自己的味道，正是所谓的"际会"。苏东坡在词中说："最难名。"因为在这种情况下，没有任何食材占据主导的风味，有如《易经》所谓"群龙无首"的卓绝之境。

读马以工此书，千万不要将它归在养生

食谱一类，但凡能体会这书里的粥其实另有意趣者，定能明白热爱文化典故的她其实是借题探索食物文化和古代人情，光是书名从陆游的"食淡百味足"巧移一字，用以表现"粥"的淡雅相容，就点出马以工融合食谱与文化的别致。

最后，此次受邀为此书作前言，我非饮馔家，仅以浅见做一点回报。书里提到水饭，我补充一点。水饭和粥并不同，因为它并不强调风味。近代知名的皮黄戏剧《乌盆记》里，瓦盆匠人赵大收留了赶路要回南阳老家的商人刘世昌，却因见财起贪念，拿掺了砒霜的绿豆水饭招待他，从故事中可知，这种水饭主要是添水的米饭，用以填饥的，跟将食材融而合之的粥，本质就不同。穷贱人家不讲究，好像就显示了不讲究的卑微与鄙野，这是关于粥的成见，也挺悲哀。如此就更谈不上"相让"二字了。

值得与家人朋友分享的
温暖料理

简静惠（洪建全基金会荣誉董事长）

马以工是我四十多年的老朋友，相识时我三十岁出头，她还没到三十。当年，以工从美国回来，才艺出众。那时我刚学会开车，她得到"吴三连文学奖"，于是，我就开着我的小捷达，载她去领奖。

不知道她有没有被我的驾驶技术吓坏了！因为我有一次不小心撞到电线杆，电线杆当场断掉了，幸好我人没事，但从此以后再也没有得到家人的批准，我的驾照也被没收了。说这件事的重点不在我的驾驶技术，而是以工年轻早慧，得到社会的肯定，在大多数女性还没有很出众的时候，她就是一位很特别的才女。最重要的是，她可以证明我会开车。

以工的才华真是令人佩服，虽然每次我有问题问她，她都要跟我请款，说是支付云端三十元，我抵死不从，就让她都记在云端吧！反正我们两个人的账是一辈子也算不完的！然而我最大的功劳就是逼迫以工写书。她的视野广、记性好，可谓博闻强识。在疫情之后，每次四人聚会或聚餐，我都会说记得要把吃过的粥记下来，她也就乖乖地拿起笔来。当我们都吃完回家睡大觉时，她就引经据典地查核资料，写下一篇又一篇的文章，有时还不忘逼迫她周围的人，你写一篇，她也写一篇，大家都把熟知的拼拼凑凑，以工再加以润饰，竟然也就有模有样地编排出来了！

这本《食粥》是跟粥有关的书，全书共分三卷，在《浮世大千——人间的滋味》这最后一卷故事里面的每一篇叙述与粥品，都是每周一在好友金瑞家吃粥朋友的贡献，是大家在吃粥之余，挖空心思去寻根究底讲出来的道理。这是我们"茶粥会"的共食记录，更是值得在家里煮碗热腾腾的粥，与家人朋友分享的温暖料理。

【中卷】韶华胜极——《红楼梦》粥册

○五八 胭脂米粥
○六六 燕窝粥
○七四 双燕粥
○七八 碧粳粥
○八二 奶子糖粳米粥
○八三 红枣粳米粥
○八四 鸭子肉粥
○八八 泡饭
○九○ 水饭
○九二 茶渍
○九八 杂炊
一○○ 西施泡饭

目录

【上卷】 寒山的法粥

- 〇〇六　茶粥
- 〇二二　宋代的茶粥——擂茶
- 〇三二　豆粥
- 〇四二　腊八粥
- 〇四四　真君粥
- 〇四六　河祇粥
- 〇五〇　梅粥
- 〇五二　茶蘼粥

一四八　花胶瑶柱海鲜粥

一五〇　花胶糙米鸡粥

一五二　鲍鱼粥

一五六　双鲍粥

一五八　南瓜小米海参粥・苏怡

一六二　广安宫前的虱目鱼粥

一六五　我家的虱目鱼粥・汤月碧

一六六　粗饱细味鹿港蚵粥・心岱

一七〇　后记——朝粥体验

一七四　尾声——侘寂

一八〇　参考书目

一八五　致谢

【下卷】**浮世大千**——人间的滋味

一〇六　七草粥

一二〇　莲粥

一二二　藕粥

一二四　胭脂米莲子粥・金瑞

一二六　芋头粥

一二八　柿饼粥

一三〇　龙眼粥

一三四　乌甜仔菜粥来了・吴璧人

一三八　瓠瓜、丝瓜粥・黄虹霞

一四〇　儿时记忆中的那碗『白』粥・蒙维爱

一四六　鱼翅捞饭

▲ 元颜辉画《寒山子》轴，台北故宫博物院藏

·上卷

寒山的法粥

《逸周书》卷末佚文记载："黄帝始烹谷为粥。"粥的历史有五千年之久。

这本书虽说是粥会记事，自始就没有界定会是一本食谱，曾想以"寒山的法粥"为书名，概念来自松尾芭蕉为弟子编俳句集跋文，首句《虚栗》一书，其味有四"，所云四味之一是寒山的法粥，喻唐诗僧寒山的禅意禅味。

白云禅师说："五味俱全，尚缺一味。"且"法味不可说"。法味在五味之外不全然是禅味，历史、典故、文化等都算是法味吧。

历史中，茶与禅或粥都曾相遇，马王堆汉墓出土食单中就有多种"苦羹"被认为是茶粥。宋苏轼《南歌子》："……已改煎茶火，犹调入粥饧，使君高会有余清，此乐无声无味最难名。"描述寒食日后，新火（寒食禁火，次日传下新火）煎新茶（清明与寒食相差一日，当是新焙明前龙井）煮茶粥之乐。

茶之外，春草野蔬或百果奇花也能入粥，如救汉光武帝命的豆粥、以杏林神医为名的真君粥及梅花粥、荼蘼粥。似"寒山的法粥"更适合为此卷名，见证大自然所孕育的五谷青蔬，再经人手调理出美味。

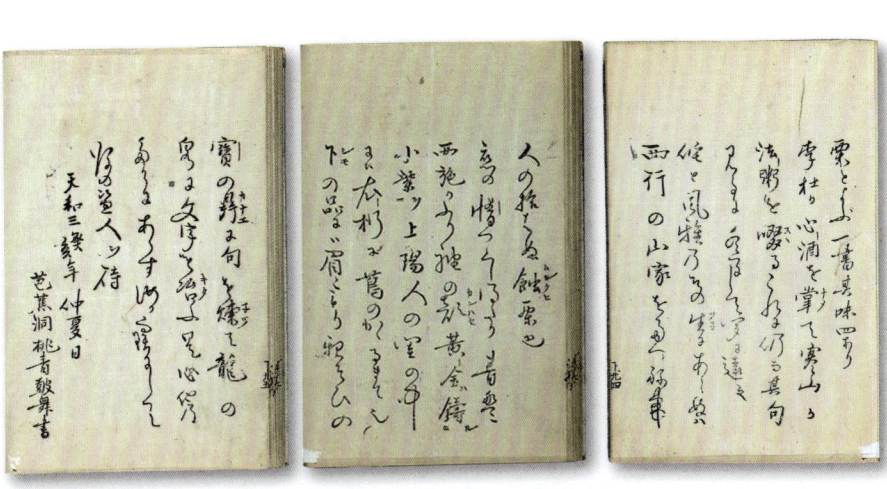

▲ 松尾芭蕉跋《虚栗》文

茶

东晋郭璞注解《尔雅·释木》之"槚，苦荼"，认为槚"树小如栀子，冬生叶，可煮作羹饮。今呼早采者为荼，晚取者为茗"。原称"槚"的苦荼，晋时已有"荼"与"茗"这两个现在通行的名称。

晋以前古籍如《说文解字》都未见"茶"字。推测可能系将"荼"字减少一画，而创造出新字。

唐乾元元年（758）陆羽开始钻研茶事，上元二年（761）他大致已完成《茶经》一书。

《茶经》全书十卷，开卷《一之源》记："茶者，南方之嘉木也……其名，一曰茶，二曰槚，三曰蔎，四曰茗，五曰荈。"槚、蔎、荈之称已不多见。《茶经》对茶的"源、具、造、器、煮、饮、事、出、略、图"都有详细描述，书中讨论焙茶技术，推测古人最早只是摘嫩芽煮食，后为保存或其他原因而焙火加工。

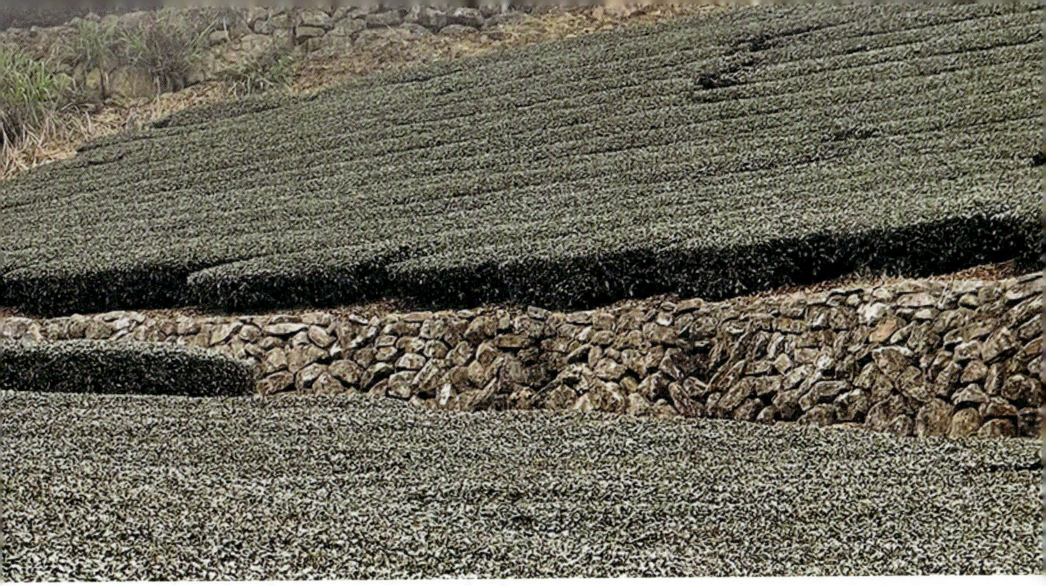

▲ 阿里山番路乡的茶园

▲《茶经》提到的如白蔷薇的茶花

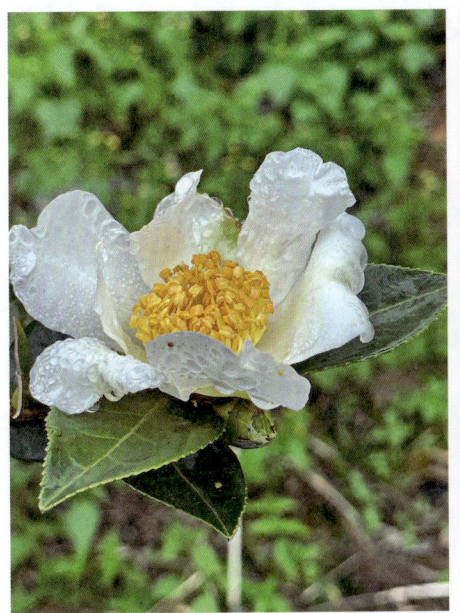

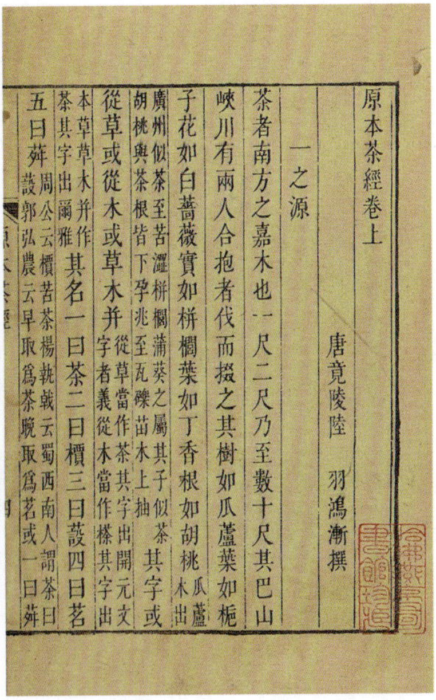

原本茶經卷上

唐竟陵陸　羽鴻漸撰

一之源

茶者南方之嘉木也一尺二尺乃至數十尺其巴山峽川有兩人合抱者伐而掇之其樹如瓜蘆葉如梔子花如白薔薇實如栟櫚葉如丁香根如胡桃（瓜蘆木出廣州似茶至苦澀栟櫚蒲葵之屬其子似茶胡桃與茶根皆下孕兆至瓦礫苗木上抽）其字或從草或從木或草木并（從草當作茶其字出開元文字音義從木當作檟其字出本草草木并作荼其字出爾雅）其名一曰茶二曰檟三曰蔎四曰茗五曰荈（周公云檟苦荼揚執戟云蜀西南人謂茶曰蔎郭弘農云早取爲茶晚取爲茗或一曰荈）

▲ 陆羽《茶经》，雍正十三年（1735）版，哈佛燕京图书馆藏

茶粥

此乐无声无味最难名。

——苏轼

茶与粥很早就相遇,最早的茶粥应只是榝木嫩芽与米混合煮成。

长沙马王堆汉墓出土的食单,八十九品食物中,有"苦羹"多种,如"牛苦羹一鼎",苦、茶都是"茶"的古称,"苦羹"应类似茶粥。

唐大中十年(856),杨晔所撰《膳夫经手录》记:"茶,古不闻食之。近晋、宋(六朝刘宋)以降,吴人采其叶煮,是为茗粥。"吴人泛指江南一带的人士,东晋、刘宋时,江南已有茗粥。

唐开元十四年(726)进士、田园诗人储光羲之《吃茗粥作》诗,有"淹留膳茶粥,共我饭蕨薇"句,描述喝茶粥配着蕨芽、薇荚等山野菜蔬。

王维《赠吴官》诗:"长安客舍热如煮,无个茗糜难御暑。"描述没有茶粥,江南来的官员几乎难以忍受长安的酷暑。

用铁观音茶遵古法煮出来的茶粥（上）
路边公园偶尔会见到唐代配粥的蕨芽（下）

食粥　　008

唐初时已焙制茶，盛唐时尚未普及，到中唐后茶才渐渐流行。

《膳夫经手录》记载："至开元、天宝之间，稍稍有茶，至德、大历遂多，建中以后盛矣。"咸通十五年（874）封入法门寺地宫的精致鎏金银茶器，显示唐末茶道具有完备的流程，已臻成熟。

法门寺地宫唐僖宗李儇供奉的茶器，制作于唐懿宗咸通九年至十二年（868—871），为唐代专门制造金银犀玉巧工的文思院造。本页图片分别是鎏金蕾钮摩羯纹三足架银盐台、金银丝结条笼子、鎏金鸿雁纹银茶碾子、鎏金银龟盒、鎏金飞天仙鹤纹壶门座银罗子。

唐朝除了茶圣陆羽外，还有茶仙卢仝。卢仝学识渊博、隐居不仕，元钱选绘有《卢仝烹茶图》，描绘卢仝与童子坐在芭蕉下烹茶。

一日，卢仝得到友人馈赠阳羡茶，一釜煎出七碗，写《走笔谢孟谏议寄新茶》诗，诗中"六碗通仙灵。七碗吃不得也，唯觉两腋习习清风生。蓬莱山，在何处。玉川子，乘此清风欲归去"达到神化之境。

▲ 武夷山上的茶园，宋代此处已是著名的岩茶产区

▲ 台北故宫博物院藏《卢仝烹茶图》全图及局部

重建后的平城京东院庭园，当时行茶、引茶大多在户外（上）
将茶树带回日本栽种的空海，其高野山道场之御影堂（下）

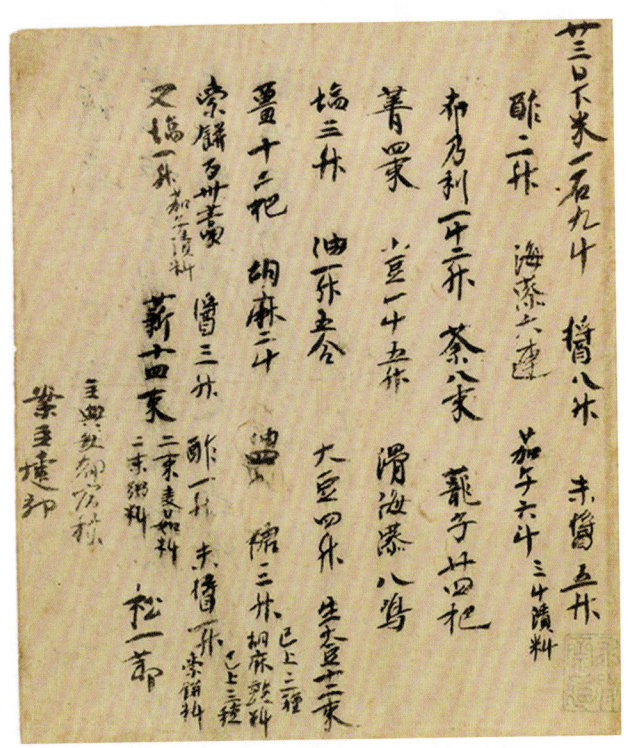

▶ 圣武天皇死后，光明皇后将其遗物捐东大寺存正仓院。正仓院文书为一万余件奈良时期档案。此图是档案之一的"酱、米、醋、茶存物单"，其中茶写为"荼"。

和铜三年（710），日本由飞鸟迁都平城京，开启文化灿烂的奈良时期。天平元年（729）圣武天皇官内召唤读经，众僧有"行茶、引茶"等仪式。正仓院文书亦载有存茶的记录，使用"荼"字，此时的茶可能都是来自中国，日本种茶还要再等七八十年。

806年，空海从中国回到日本，他的入唐随行弟子坚惠，将唐德宗赠送的茶树种子，在他创建的佛隆寺内试种。唐德宗还赐了浮刻有麒麟的大石茶臼，佛隆寺列其为宝物。茶臼看起来像是磨茶用，应是当时的饮茶习惯。

空海离开中国后，唐朝宦官得势，甚而毒杀君王，又经历了唐武宗会昌灭佛，国势日衰。894年，另一日本留学僧带回消息称"大唐凋敝"，致使此时日本解除遣唐使任命。

佛隆寺位于奈良宇陀市榛原赤埴，日语为"室生寺の南门"，室生寺有日本第二古老的五重塔、平安初期建造的金堂等有一千多年历史的国宝建筑。

　　奈良宇陀一带山域属大和高原，因日照短、温差大，茶叶具自然香甜味，迄今仍种茶，称"大和茶"。

　　大和茶也按产地命名，如山添茶、室生茶等，室生寺参道外的井筒屋挂着"发祥地大和茶生产贩卖"的招牌。

▲ 室生寺五重塔，建于800年前后

▲ 室生寺参道外挂着的招牌

▲ 室生寺金堂,部分建于9世纪后半,约唐朝末年

◀ 二月堂以茶粥招待参加修二会的信众。系以茶浸米煮出，粥色偏深

空海弟子坚惠在佛隆寺栽种茶后推广到日本各地。许多寺院开始自己种茶，以茶煮粥成僧房斋食。

大和茶有悠久的传统，东大寺二月堂的"修二会"法会，自752年开始一直延续至今。从镰仓时代（南宋初）开始为参与者提供茶粥，近千年来仍延续这个传统。

二月堂重建于1669年，旁边的三月堂才是东大寺极少数从8世纪留存至今的建筑。对面有间绘马堂茶屋小铺，一年四季都供应茶粥。

修二会提供的茶粥极朴素，用奈良焙茶，先将茶煮出茶汁，滤掉茶叶冷却后加米浸泡约半天，再以小火慢熬，快完成时加一点盐。配菜只是日本常见的梅子、腌萝卜等。

茶粥成为奈良特色饮食，著名的奈良饭店提供有茶粥早餐。奈良迄今仍种植传统的大和茶，老街茶店非常古朴。但大和茶卖不到高价，店中也卖着较贵的宇治茶。

▲ 奈良茶粥用茶、米及少许盐煮成

上卷　寒山的法粥　017

▲ 奈良街上古朴的茶行

南宋时期，日本再次与茶相遇，临济宗僧人荣西第二次入宋，于南宋绍熙二年（1191）回到日本。荣西此次在中国停留四年四个月，不仅潜心钻研禅学，亦亲身体验宋朝饮茶文化及茶疗的效能。

他从中国带回茶种，在肥前灵仙寺种植。寺庙于日本战国时期荒废，后得当地锅岛藩支持曾再兴，明治维新废藩置县后废绝。

荣西写《吃茶养生记》一书，序言说："茶者养生之仙药也，延龄之妙术也，山谷生之，其地神灵也……"

荣西在中国中暑时，曾被特殊煎法的茶汤救治，此治中暑之"服五香煎法"茶方，见右附的原书页。

镰仓幕府第二代将军源赖家1202年在京都建建仁寺，兼修天台、真言、禅三宗，荣西为开山祖，两年后源赖家被杀，弟源实朝继任，传说荣西曾用茶为他治病。

荣西同时推广中国茶礼，自此更多庙宇僧人种植茶树。

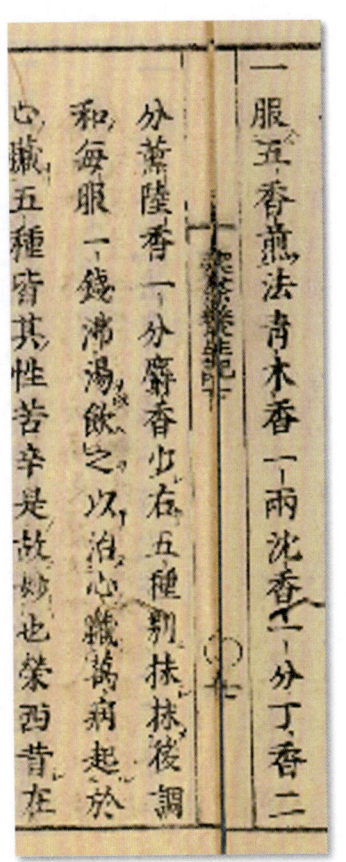

▲《吃茶养生记》书中的"服五香煎法"茶方，为荣西所写，他是日本茶史重要人物

上卷　寒山的法粥

▲ 奈良称名寺为茶礼祖"珠光旧迹"

1338年，室町幕府在京都开创，第三代将军足利义满于永乐二年（1404）终于得到明朝颁发的"勘合符"，开始与中国贸易，输入中国茶器。足利义满本身具有极佳的品味与文化素养，因此开启了日本特殊的茶道文化。

生逢室町幕府盛世，使村田珠光因缘际会在日本茶道史上有一席地位。他倡茶禅一味的精神（当时尚无茶道之称），予茶更多内涵，创室内小茶室，以"谨敬清寂"四规展现侘寂①之美，当时.称侘茶。

室町幕府第八代将军足利义政退隐后，建四叠半茶室于东求堂（现慈照寺内），充分体现"简、素、枯、淡"侘寂之美。约百年后，千利休始以"和敬清寂"将茶道引入皇室贵族间。名贵茶碗更为织田信长、丰臣秀吉等霸主喜爱，日本茶道发展到极致。

---

①侘寂：wabi-sabi，日语借词，源自禅宗美学，指一种朴素、寂静、残缺的审美理念。侘在现代汉语中使用较少。

▲ 日本国宝慈照寺东求堂同仁斋为四叠半茶室之始（罗文邦摄影）

▲ 此时日本崇尚唐物，如黑釉鹧鸪斑盏，一为宋当阳峪窑，一为宋定窑（罗文邦摄影）

▲ 重建于1818年的珠光庵茶室（罗文邦摄影）

宋代的茶粥——擂茶

宋代中国茶文化发展到极致。不但制茶技术精进,建阳窑茶器"建盏"更是绝世精品。目前存世仅数盏,影响日本茶道甚深远。

苏轼有"寒食后……且将新火试新茶"句,因寒食与清明相近,寒食节后以传下的新火,烹煮杭州新采的明前龙井,多么清雅。

狮峰有宋代广福院旧址,前身为东坡曾题名的寿圣院,附近是龙井最佳产区,乾隆还在此圈了十八株御茶树。

宋代文人也做茶粥,秦观有"偶为老僧煎茗粥,自携修绠汲清泉"之句,东坡先生的《南歌子·晚春》词:"……已改煎茶火,犹调入粥饧,使君高会有余清,此乐无声无味最难名。"看来对茶粥是极喜爱的。

宋朝的"茶粥"据称就是现在的擂茶,好几个传说的由来,都与蜀汉时军旅对抗瘟疫相关。

三国后,魏晋已有茗粥。唐茶席有银盐台,可知当时饮茶会加盐,擂茶最早是茶、姜、米磨成糊状后加水烹煮,是茗粥在唐代后的进阶版。

南宋黄昇诗:"道旁草屋两三家,见客擂麻旋点茶。"可见擂茶已普及。

▲ 擂茶

杭州冬月时添卖七宝擂茶，将花生、芝麻、核桃、杏仁、龙眼、香菜、姜和茶擂碎煮成茶粥，南宋茗粥不再是茶、姜、米的简单组合。

擂茶需研磨配料，因茶、米或七宝都不是坚硬的东西，用陶土拉胚制成的擂钵及油茶树干做成的擂棍这两样工具即可。"擂"到所有配料呈糊状，再加水冲或煮成茶粥。

▲ 北埔擂茶重现宋代茶粥，仍以茶叶为主，再加上炒米、芝麻与花生同擂。传统擂茶需将茶及配料擂到糊状，再冲泡热水

乾隆与三清茶

郭贵婷

乾隆巡五台山回程在定兴遇雪,集雪于毡帐中烹煮三清茶,写《三清茶》诗。乾隆十一年(1746)他传旨景德镇御窑,烧制白地矾红专用茶杯,内底画枝松、梅及佛手花纹,杯外书乾隆《三清茶》诗,自认"不让宣德、成化旧瓷也"。三清茶杯还制作青花、剔红、白玉及墨玉等多种,以供每年正月初二到初十间,乾隆择吉在重华宫(潜邸西二所升格)所举行的三清茶宴。

据考三清茶是将佛手柑在瓷壶以沸水冲泡,再放入龙井加水至满。另用银匙将松子、梅花分到各个盖碗,最后将泡好的茶冲入各杯中。

▲ 香港故宫文化博物馆特展展示的三款茶具(童元方摄影)

▲ 乾隆专为三清茶宴御制茶具，杯身有《三清茶》诗。此为台北故宫博物院藏品

▲ 松园禅林茶席现场，窗外白雪、室内茶香（郭贵婷摄影）

冬至将近，寒意渐增，庚子年冬月初六，受邀参加阳明山松园禅林举办的茶席。是日草山气象不佳，游驶于乡道中，弯弯绕绕，北风呼啸，急雨强降，草木乱舞，撼心速行。

到达松园，空气冰凛，小心踏上滑石湿阶，入堂门玄关处，烧着炭火暖炉迎宾，大家一起烤手烤身互寒暄，瞬时寒气消散不少。

开席前，主人特在席前准备三清茶，以龙井、梅花、佛手柑及松子四种料，用阳明山野溪甘泉烹煮，让大家体验乾隆喜爱的茗品。

啜饮三清茶，色、香、味鲜爽宜人，观其茶汤，初黄明澈。闻之，花草香高雅，入口味甘清甜，并伴随着柑橘香气，尾韵松子腴香充满两颊喉舌，茶味层次丰富芳馥，清心净口，原来这就是乾隆诗所说的清绝之妙："五蕴净大半，可悟不可说。"看着窗外寒冬景色，冰霰铺地，品三清茶，舒心愉悦，别有一番雅趣。

▲ 品三清茶最宜下雪天集雪烹茶，以龙井配上佛手柑、松子及梅花

山家清供

南宋林洪著有《山家清供》,书名意为山野人家的清淡简食,是泉州地区一百零四道美馔佳肴的食单。

南宋时,泉州是海上丝路起点,全国第一大港,食单自不是一般般,有不少粥品点缀其中。

《山家清供》粥品,除豆粥外其他四款均已极少见,花果及鱼干都入粥,是宋人饮食才有的风雅。

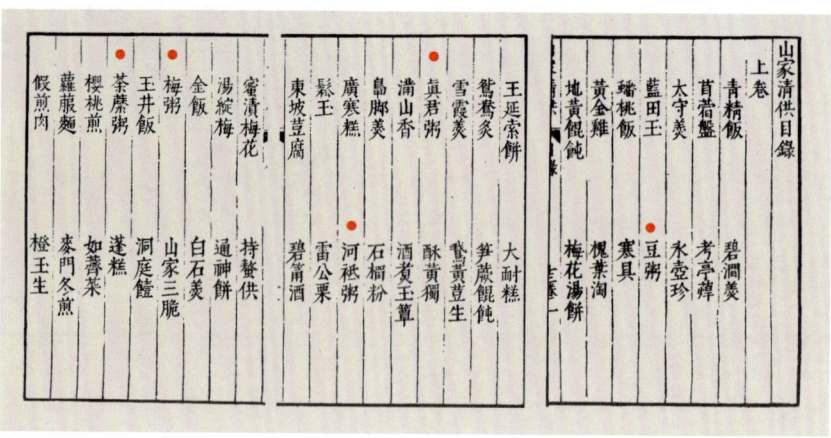

▲《山家清供》一百零四道菜肴中,有五款粥品

▲ 泉州龙山寺菩提树

▲ 厦门南普陀寺木鱼

豆粥

因有苏东坡加持，豆粥在《山家清供》中地位非凡。苏轼原善于烹饪，在其所撰《老饕赋》说过："盖聚物之天美，以养吾之老饕。"

元丰七年（1084），苏轼送家眷北上，途中写了《豆粥》，引用豆粥历史典故，其一为："公孙仓皇奉豆粥……饥寒顿解刘文叔。"《东观记》中冯异于芜蒌亭奉豆粥予刘秀："时天寒烈，众皆饥疲，冯异上豆粥。明旦，光武谓诸将曰：'昨得公孙豆粥，饥寒俱解。'"

东坡接着又引用超级巨富石崇因红豆不易煮至酥透，而将其先磨成粉再煮，却不愿分享给大众的传说。他一面熬豆粥一面写："萍齑豆粥不传法，咄嗟而办石季伦。"

苏轼原善烹饪，又不藏私，诗中将他的秘诀分享："沙瓶煮豆软如酥……卧听鸡鸣粥熟时……"豆粥宜"用沙瓶烂煮赤豆，候粥少沸，投之同煮，既熟而食"。

▲ 赤豆粥，按苏轼建议以砂锅煮成

▲ 眉州三苏祠中东坡画像

豆粥

君不见，漙沱流渐车折轴，公孙仓皇奉豆粥。湿薪破灶自燎衣，饥寒顿解刘文叔。

又不见，金谷敲冰草木春，帐下烹煎皆美人。萍齑豆粥不传法，咄嗟而办石季伦。

干戈未解身如寄，声色相缠心已醉。身心颠倒自不知，更识人间有真味。

岂如江头千顷雪色芦，茅檐出没晨烟孤。地碓春秔光似玉，沙瓶煮豆软如酥。

我老此身无着处，卖书来问东家住。卧听鸡鸣粥熟时，蓬头曳履君家去。

▲ 日本《成形图说》之赤小豆图

关于豆粥的文字，最早见于南梁宗懔《荆楚岁时记》，此书记述荆楚地区正月初一至除夕的年中行事，不同于天子的八节祭祀，是百姓生活实录。

"正月十五日，作豆糜，加油膏其上，以祠门户。"旧俗以酒脯饮食及豆粥糕糜插箸而祭蚕神。

养蚕自远古就非常重要，延续到清朝时仍执行"皇帝亲耕、皇后先蚕"的仪典。日本皇后每年需到红叶山养蚕所，进行养蚕仪式。

岁末，"冬至日，量日影，作赤豆粥以禳疫"，这时红豆粥才登场，正月的豆糜有可能是其他豆煮成。

传说共工有不才之子死于冬至，成为疫鬼，因疫鬼畏惧赤豆，喝赤豆粥可以避灾防疫。其他古籍上共工之子名"句龙"或称"后土"，似非疫鬼或蚕神。

《荆楚岁时记》还有"秦岁首"这个节日，楚人竟在秦亡后数百年还在过秦节。"十月朔日，黍臛，俗谓之秦岁首。"秦历以十月初一为一年之始，不同于夏商周历分别以正月、十二月及十一月为岁首。黍臛是麻羹豆饭，类似红豆饭。这种"秦风"影响日本深远，不知是不是徐福带过去的习俗。

日本自室町幕府开始，有重要节庆就要吃小豆粥或红豆饭。正月十五小豆粥称"望粥"，在这天吃小豆粥可以得到健康。

正月初七，豪雪地区的百姓因无法取得春草嫩芽制作七草粥，就以小豆粥代替。

▲ 台北故宫博物院藏《亲蚕图》卷局部之《献茧》,左上端坐者为孝贤纯皇后

韩国也有冬至喝红豆粥的习俗，在阴气最盛的冬至，鲜红的红豆被认为可以驱赶邪气。除了喝红豆粥外，还要在屋子四周及入口撒豆。

韩国红豆粥做法与《山家清供》类似，只多加白色小汤圆。

大致用一合米配等量的红豆，确如苏东坡所说，红豆很难煮酥软，需先浸泡至少六小时，白米或糯米也需浸泡三小时左右。

用砂锅或铸铁锅煮红豆，滚后换小火慢慢熬到酥软，按喜好加入适量冰糖。白米煮二十分钟即可加入红豆汤，再搅拌到完全融合。

◀ 东坡先生的豆粥。红豆及米各半，冰糖适量，以砂锅煮红豆，酥软后加入煮好的粥

▲ 万丹红豆的色泽鲜红，需先浸泡才容易煮酥软，煮好的红豆呈豆沙色

花莲原住民小米丰收（上）
陆游像，他以粥养生而长寿（下）

豆粥在宋朝时流行，除苏轼外，南宋文学家陆游也非常喜欢。陆游也是美食家，《剑南诗稿》中有关饮食的诗有一百八十八首，词二十二阕。

陆游诗有"食淡百味足"句，他享年八十五，在宋朝算高寿，与他食粥养生有关，写有多首咏粥诗。以《食粥诗》为例："世人个个学长年，不悟长年在目前。我得宛丘平易法，只将食粥致神仙。"

他特别欣赏豆粥，有"瓦鬴晨烹豆粥香"之句，认为"紫驼之峰玄熊掌，不如饭豆羹芋魁"，意思是豆粥比珍贵的驼峰熊掌还美味。

陆游也有诗提到芜蒌亭，他读东汉末枭雄袁术的传记有感，写下："芜蒌豆粥从来事，何恨邮亭坐簟床？"袁术兵败悲愤而亡，与刘秀天差地别。

汉光武帝刘秀吃的豆粥应非红豆粥，可能是绿豆小米粥。小米的种植远比稻米要早，先民早在新石器时代就已经开始种植粟，作为主食。

▲ 日本《本草图谱》所绘之绿豆图

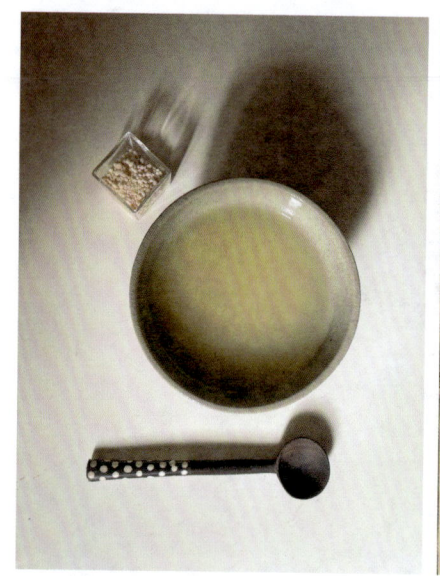
▲ 汉光武帝当时喝的豆粥,可能是绿豆小米粥

▲ 《成形图说》各种粟米图

梁或稷也是小米,因粟米脱壳后颗粒极小而得名。马王堆汉墓出土的谷物有稻米、赤豆、粟等,这些食物出现在中原地区的记录很早。

唐朝沈既济的传奇笔记《枕中记》描述不得志的卢生,睡在道士吕翁给的枕上,做了一个飞黄腾达、享尽荣华富贵的美梦,梦醒时见锅中黄粱未熟。

元朝马致远改编此传奇为戏曲《黄粱梦》,范康《竹叶舟》将背景改为邯郸道,明朝汤显祖写出近似的《邯郸梦》。黄粱就是小米,"黄粱一梦"多么获文人青睐。

李时珍的《本草纲目》中,红豆与绿豆都有相当的疗效。煮红豆水可以去湿、消肿。绿豆自古即被认为可以清火解毒,宜连皮生研水服。消渴可饮绿豆汁,绿豆粥一样解热毒。

▲ 已结穗尚未成熟的小米

▶《古今图书集成》之绿豆图

腊八粥

豆粥的极致是腊八粥,《东京梦华录》记载:"初八日,……诸大寺作浴佛会,并送七宝五味粥与门徒,谓之腊八粥。"

腊八粥是指腊月初八以粥斋僧,与放有八种料的八宝粥略有不同。既称"七宝五味",内容自然繁多,红豆、桃仁、杏仁、栗、瓜子、花生、松子、红枣、桂圆及白糖、红糖都可入料。

日本奈良有食堂配合节气古风俗,在立春节分煮黄豆粥,与立春撒豆驱邪的古老习俗有关。

◀ 已煮好的腊八粥,甜度可按个人喜好调整。腊八粥的生料因所需时间不同需分开煮,红、绿、黄豆及花生都需长时间,栗子、红枣次之。粥也需分开熬煮,将个别煮酥软的料加入,松子及桂圆干最后放

腊八粥的材料

上排为红枣、绿豆、黄豆

中排为松子、白米、桂圆干

下排为栗子、红豆、花生

真君粥

真君指三国候官地区（今福州长乐）神医董奉，当时与华陀齐名。他治病不收酬劳，重症愈者命栽杏树五株，轻症者一株，数年成林。杏实成熟置草仓，要拿的人以谷相换，再以谷赈贫救急，传说其容颜不老，总似少年，活了三百多岁。此为称医家"杏林中人"的由来。

真君粥是将熟杏实煮烂去核，另煮白粥，加入切碎的杏实同煮即成。煮新鲜杏实会有酸味，可适量加糖。也可在白粥内拌入切成碎干丁的杏脯，略煮软即成，亦可适量加糖。

▲ 日本《本草图谱》杏实、杏仁与杏花图

▲ 含苞待放的杏花、盛开的杏花枝已见结果之小杏实,及试做的真君粥

河衹粥

武夷山有"城村汉城遗址",其历史可追溯至晚秦到汉朝。

《史记》之《孝武本记》载汉武帝祠"天一、地一、泰一"三神,后增加黄帝、冥羊、地长、武夷君,其祭品亦各不同,而"祀武夷君用干鱼"。

古称干鱼为"鲞"(音考),南方人称"鲞"(音想)。《山家清供》作者林洪至天台山游玩时看到干鱼煮粥,传说其可治偏头痛,竟可比曹操读了陈琳之檄文后头风瘥愈。

武夷山是道教圣地,其"升真元化之洞"是道教三十六洞天之一。武夷山亦以岩茶闻名。

▲ 武夷山是道教圣地,为三十六洞天之"升真元化之洞"

于1843年所绘武夷山产茶图(上)
武夷山古汉城遗址(下)

河祇粥的做法是取干鱼浸洗后细切，同米一起煮，此粥要放酱料（或盐），再加胡椒而成。

北宋王子韶《鸡跖集》云："武夷君食河祇脯。"林洪称其为河祇粥。

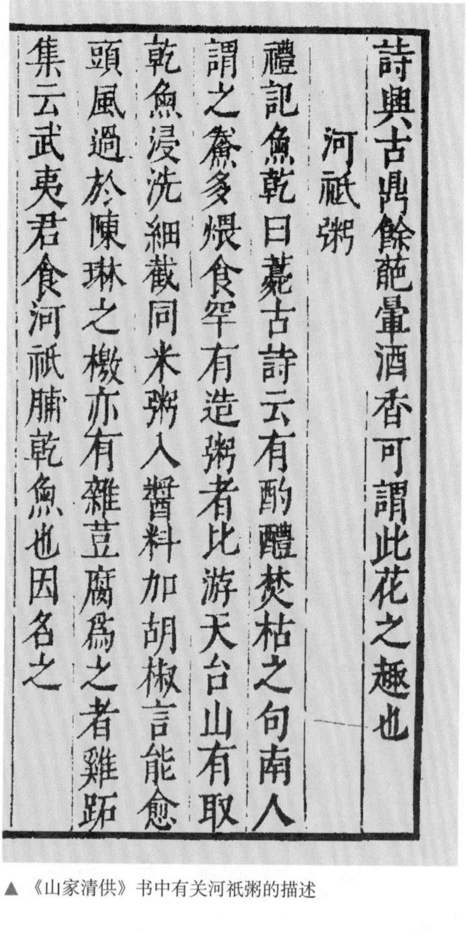

河祇粥

詩興古遇餘葩暈酒香可謂此花之趣也

禮記魚乾曰薨古詩云有酌醴焚枯之句南人謂之鯗多煨食罕有造粥者比游天台山有取乾魚浸洗細截同米粥入醬料加胡椒言能愈頭風過於陳琳之檄亦有雜荳腐爲之者雞跖集云武夷君食河祇脯乾魚也因名之

▲《山家清供》书中有关河祇粥的描述

武夷山九曲湾（上）
河衹就是鱼干（下）

梅粥

雪水煮白米，煮熟后撒下洗净的梅花瓣，为梅粥，真有意境。

正发愁这款梅粥的时间性，朋友传来家中梅花盆景开花照片，看来是非常小的一株，仍厚颜请求可否捡些落英试做梅粥。

盆下落英虽缤纷，但花瓣极柔弱，无法拾捡，更难想象如何清洗。主人说花期已过，花朵轻轻一碰就可以手承接，未曾落地也就不用洗。虽没雪水煮的白粥，将梅花瓣撒在粥上，也算完成。

▲《山家清供》书中有关梅粥的描述

▲ 从盛开的梅花到落英缤纷，最后做成梅粥

荼蘼粥

荼蘼亦称为酴醿，是蔷薇花科的植物，曹雪芹《红楼梦》引用了宋王淇诗句"开到荼蘼花事了"为麝月预言，因荼蘼花是二十四番花信风之末，喻春日将尽的哀伤。

《山家清供》作者林洪访灵鹫寺，僧苹洲中午留他喝粥，因味清香美，询之知是荼蘼粥，想起友岩云（赵璚夫）所寄荼蘼诗："知岩云之诗不诬也。"

作者记下苹洲食谱，在谷雨花开时采下花片，用甘草汤烫过备用，粥另煮熟时加入花片略拌煮而成。

配粥的是木香嫩叶，用同一汤烫过后，以麻油、盐拌之。

▲《山家清供》书中有关荼蘼粥的描述

▲ 李瑞宗博士认为大花白木香更接近荼蘼原意　　▲ 木香花开时与荼蘼相近

·中卷

韶华胜极——《红楼梦》粥册

▲《清孙温绘全本红楼梦》五十三回《荣国府元宵开夜宴》

小说《红楼梦》开卷之"粥"较之全书一点也不华丽，是第二回破庙中"一个龙钟老僧在那里煮粥"。

书中各色细粥随后才一一登场，复刻红楼的粥册，展现"韶华胜极"豪门贵胄生活饮食，并不仅仅是为重现食谱，也是想一窥作者安排这些粥品背后的不写之写。

书中碧粳粥与红稻米粥最为吸睛，住在怡红院的贾宝玉喝碧粳粥，呼应元妃赐名大观园"怡红快绿"。书中碧糯是贡品，现实中绿米产量极少，日本称之为"幻之米"。

红稻米粥仅为贾母独享，御田胭脂米是真的珍贵，或仅是作家杜撰的浪漫？它的前世今生为何，与江宁曹家及苏州李家之间，又有怎样的关系？林黛玉喝的是薛宝钗送的燕窝粥，在乾隆年间极度昂贵。清代燕窝来自中南半岛海岸峭壁上，由岛民吊挂飞悬采得，荷兰莱顿大学竟然还保存有19世纪的照片与绘图。

书中多次提宝玉吃"泡饭"，这是金陵六朝迄今的旧俗。日本深受六朝影响，相类似的"水饭"曾被写入描述平安时期的小说《源氏物语》。

▲ 甲戌本脂批——"美粥名"

▲ 《红楼梦》中碧粳粥与红稻米粥"怡红快绿"

胭脂米粥

日晒野田红稻香。

——曹寅

评比《红楼梦》中的佳肴美馔，最精彩的菜如果是茄鲞，那最独特的粥当然是"红稻米粥"。

第七十五回中写着："贾母因问：'有稀饭吃些罢了。'尤氏早捧过一碗来，说是红稻米粥。贾母接来吃了半碗，便吩咐：'将这粥送给凤哥儿吃去。'"

红稻米粥应是用第五十三回乌进孝所上缴的"御田胭脂米二石"熬煮，较之碧糯、白糯、粉粳的各五十斛，胭脂米仅四斛（清一石约二斛），下用长米则多达一千石。

▲ 庚辰本《红楼梦》第七十五回这段文字，"红"字与"稻"字间较他本多一"香"字

▲ 花莲红米煮的胭脂米粥

贾母见尤氏吃的是白粳米饭,王夫人和鸳鸯忙解释道,这两年因旱涝不定,田上"几样细米更艰难"。

看来红稻米于贾府也是珍稀,剩粥还能赏赐王熙凤这样重要人物,只是其他篇回再未见到此米此粥。

庚辰本"胭脂米"下有夹批:"在园杂字(志)曾有此说。"《在园杂志》作者为康熙中叶刘廷玑,该书未见"胭脂米"之名。书中仅提到浙闽总督范时崇(与查抄江宁曹家的范时绎是堂兄弟)随驾热河时,曾获康熙御赐一大碗"朱红色大米饭"。

范时崇转述红米来历，与康熙自撰的《几暇格物编》同。源于某六月圣驾路过丰泽园，突见御田中有一株稻高出众稻之上，且实已坚好。稻株原到九月才能收成，康熙特命收藏其种，看来年是否亦能早熟。结果第二年一样，从此生生不已。"四十余年以来，内膳所进，皆此米也。其米，色微红，而粒长，气香而味腴，以其生自苑田，故名御稻米……今御稻不待远求，生于禁苑，与古之雀衔天雨者无异。朕每饭时，尝愿与天下群黎共此嘉谷也。"

▲ 庚辰本《红楼梦》第五十三回脂批所示"御田胭脂米"来源

十斤鹿舌五十條牛舌五十條鯉千二十斤榛松瓤杏穰各二口袋大对虾五十对干虾二百斤銀霜炭上等選用一千斤中等二千斤柴炭三萬斤御田胭脂米二石｛曾有此說在用雜字碧｝糯五十斛白糯五十斛粉粳五十斛雜色粱穀各五十斛下用常米一千石各色干菜一車外賣粱穀牲口各項之銀共折銀二千五百兩

▲ 庚辰本《红楼梦》"胭脂米"下夹批

▲ 清代皇帝亲耕、皇后亲蚕，彰显对农业的重视。焦秉贞《御制耕织全图》第三图《耙耨》

▲ 日本红米成熟图

中卷 韶华胜极——《红楼梦》粥册 061

《红楼梦》书中"红稻米粥"用的极可能就是米粒色泽微红的"御稻米"。曹雪芹以"御田"二字彰显珍贵,以"胭脂"二字倍添神秘。

曹雪芹出生年推测最早约在康熙五十四年(1715),正是"御稻"如火如荼推广期,一碗红稻米粥引起红学界关注,多少因江宁织造曹頫(曹雪芹之父)也参与其中。

康熙五十四年起,苏州织造李煦奉皇帝谕旨,在江南试种"御稻"。五月十六日李煦《御种稻已插莳折》上奏,禀报赐下种子已钦遵插莳完毕。

曹家与"御稻"渊源见同年八月二十日李煦另一折,报告这一石"御种谷子"奉谕分给江南各处试种,其中"江宁织造曹頫请去一斗"。

自此到康熙去世止,李煦每年都至少上两道奏折,报告御稻二获情况,及越来越多人分种成功。

康熙六十一年(1722)李煦已扩种御稻一百亩,每亩可收四石。这年十一月十三日康熙帝去世,雍正二年(1724)李煦被革职抄家。

曹頫也上过《求赐稻种由折》,并通过李煦得到一斗种子。但在康熙五十四年十二月初一,他的奏折坦承因播种过迟,两次试种御稻都无法结实。尔后,曹頫上折报告他种御稻成果,一亩可收得二石七八斗,每获上呈新米只需一石,家人自有余裕分享。

◀ 红米与所煮的朱红色大米饭,与色票显示的胭脂色相近

红米并非稀有。南宋程大昌《演繁露·赤米》记载:"赤米,今有之,俗称红霞米……(桃花米)即赤米也。"明嘉靖《吴县志》记"红莲稻,皮红,米半有红粒,味香",都属江南早熟稻。曹寅①有"日晒野田红稻香"诗句。

雍正年再不见"御稻米"之名,《本草纲目》记载:"丹黍米:别录中品……即赤黍也。浙人呼为红莲米。"引用《本草纲目》分类,丹黍米属于"稷粟类",而非"麻麦稻类"。

看来李煦与曹頫等江南官吏,是配合康熙演出一场"雀衔天雨"的神迹大戏(典出神农时天降粟粒,种子如雨,及丹雀衔九穗禾来)。

至于书中"胭脂米"名称,应该是曹雪芹配合爱吃胭脂的宝玉所创造的浪漫命名,竟让"野田丹黍"变身为"御田胭脂米"传奇。

---

①曹寅:曹雪芹祖父,清康熙年间大臣、戏曲家、文学家。

▲ 雍正六年（1728）版《古今图书集成》之丹黍图（上），与百年后日本文政十一年（1828）出版之《本草图谱》所绘丹黍（下）类同

燕窝粥

读《红楼梦》会有"左钗右黛"的偏见,认为黛玉与宝钗是对立的竞争关系,此并非曹雪芹的原意。第四十五回"金兰契互剖金兰语,风雨夕闷制风雨词",两人相互交心,牵线见证者是燕窝粥。

宝钗关心体弱的黛玉,看了她的药方说:"……人参肉桂觉得太多了。虽说益气补神,也不宜太热。依我说,先以平肝健胃为要……胃气无病,饮食就可以养人了。每日早起拿上等燕窝一两,冰糖五钱,用银铫子熬出粥来,若吃惯了,比药还强,

▲《红楼梦》第四十五回有关燕窝粥的原文

▲ 按薛宝钗的配方,一两燕窝配上五钱冰糖,呈现滋味极佳的燕窝粥

最是滋阴补气的。"

黛玉叹道:"……请大夫,熬药,人参肉桂,已经闹了个天翻地覆,这会子我又兴出新文来熬什么燕窝粥……那些底下的婆子丫头们,未免不嫌我太多事了……"

宝钗笑道:"……只怕我们家里还有,与你送几两,每日叫丫头们就熬了……"

第五十七回中"黛玉听了这话……心内未尝不伤感……便直泣了一夜,至天明方打了一个盹儿。次日勉强盥漱了,吃了些燕窝粥"。

宝钗并未食言,确实有送燕窝过去,看起来两人对话说得那么地轻松,燕窝从来就是昂贵的滋补品,照这样吃下去,书中人物也只有薛宝钗的财力与气度,做得出这样阔绰的举动。

燕窝原产于沿海断石峭壁上，明《泉南杂志》记福建远海亦有，住民云："蚕螺背上肉，有两肋，如枫蚕丝，坚洁而白，食之可补虚损……故此燕食之，肉化而肋不化，并津液呕出，结为小窝，附石上……海人依时拾之，故曰燕窝。"

明《闽中海错疏》引《海语》："海燕，大如鸠，春回，巢于古岩危壁茸垒，乃白海菜也。岛夷伺其秋去，以修竿接铲取而鬻之，谓之海燕窝。随舶至广，贵家宴品珍之，其价翔矣。"

明末清初，百姓对燕窝的形成、产地及疗效已有所知。

据冯立军教授《略论明清时期中国与东南亚的燕窝贸易》一文，燕窝输入的历史可远溯到唐宋，元代也有记载。清代需求大增而贸易量扩大，当地住民冒险在峭壁上铲采，经销海商大多系国人。

▲ 荷兰莱顿大学及热带博物馆藏,与下页图同为19世纪末印度尼西亚峭壁采燕窝的珍贵图片,数量稀少及获取艰辛是当时燕窝昂贵的原因

康雍年后,因乾隆帝嗜食燕窝,高官富绅趋之若鹜,道光年间燕窝已涨至一斤数十金,成为从东南亚进口的货物中与翡翠、象牙、犀角、沉香并列的奢侈品。

《红楼梦》书中的燕窝粥是将燕窝熬成糜状,除冰糖外,并没添加米粒,一两燕窝仅约五六燕盏,按宝钗的配方大概可煮出五小碗。

康熙年间叶梦珠《阅世编》卷七论及此时民生物资价格,其《食货六》称:"燕窝菜,予幼时每斤价银八钱……顺治初,价亦不甚悬绝也。其后渐长,竟至每斤纹银四两……"此时曹寅一年俸禄才一百零五两。

▲ 燕窝

曹雪芹写书约在乾隆年，燕窝价格虽不至于一斤数十金，应该已高出纹银四两很多很多了。

现在虽可人工饲养金丝燕，但燕窝价格仍昂贵，一两近四千台币。

相对于昂贵的价格，燕窝滋养疗效是否真实，坊间常引《本草纲目》说如何如何，然该书没半个字提到燕窝。乾隆三十年（1765）的《本草纲目拾遗》作者赵学敏虽是名医，书中论及燕窝只是抄抄早几年出版的《本草从新》信息，说是可治痘症痰疾。

▲《本草纲目拾遗》关于燕窝的原文

银耳

银耳也曾是名贵补品,同治年间已有人工栽种,近代繁殖技术大进步后,价格亲民,被称为平民的燕窝,况其营养价值不逊燕窝。

双燕粥

禾本科下有燕麦属与雀麦属，出版了《本草纲目》的明朝，认为"燕麦即雀麦"，有些药方上写用雀麦，有的附图却是写燕麦。

日本本草学者岩崎常正于1828年编《本草图谱》一书，记载有两千种植物，标明"雀麦"图多种，从现代分类学看来，有雀麦也有燕麦。

燕麦原是牧草，其穗散而少，过去属粗粮，可能都列不上乌进孝的"杂色粮谷"，更别说"细米"。

近年来，燕麦因富多种维生素，高纤、低脂，号称可以降胆固醇，被视为健康食品的代表。

滋补的燕窝与健康养生的燕麦都有"燕"字，两者同煮可名为"双燕粥"，一定符合曹雪芹的品味，脂砚斋也许会赞一声"美粥名"。

▲ 双燕为燕麦与燕窝，燕麦原为粗粮，需浸泡较久后熬煮，再加鲜奶提味

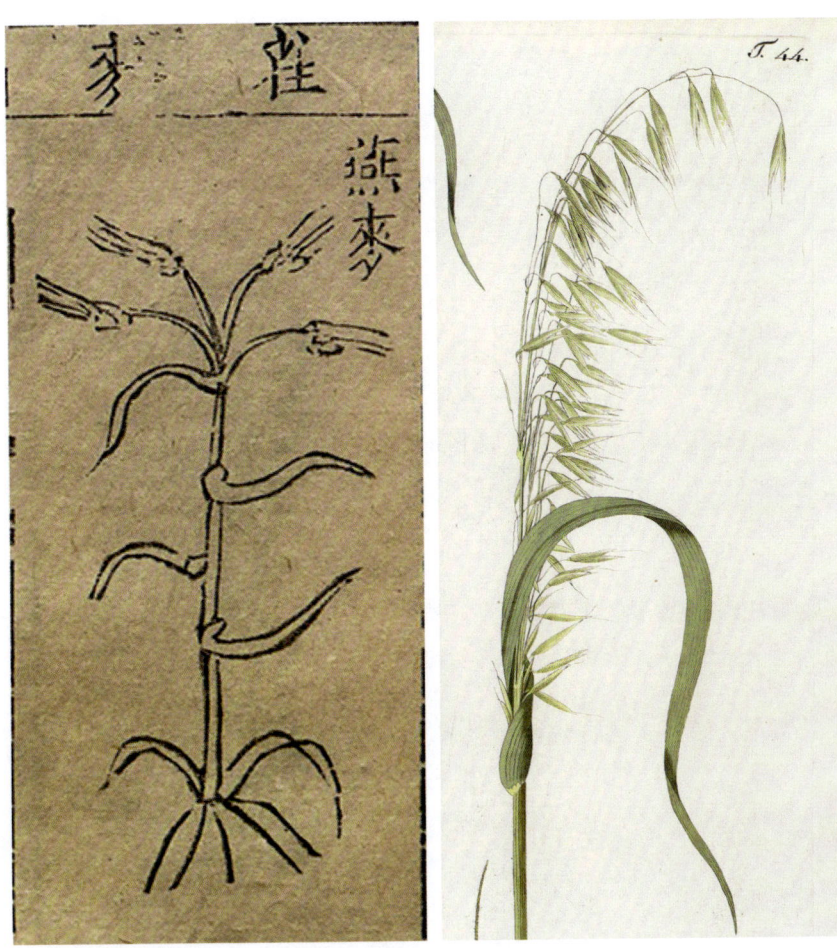

▲ 万历年金陵胡承龙刻原版之《本草纲目》，列联合国教科文组织世界记忆名录，其雀麦图标示燕麦

▲ Nikolaus Thomas Host（1761—1834）所绘燕麦图，穗如同燕尾

一合①燕麦可煮出十碗燕麦粥，因双燕价格悬殊，每碗粥能加上一大匙燕窝就非常奢侈。

燕麦需浸水泡开后再熬煮才能酥软，燕麦原为粗粮，浸水时间比一般粳米要久，需将浅褐色的外皮泡到接近象牙色，完全看不到原来的壳，颗粒也明显增大，才算完成。

煮前要清洗燕麦粒，与洗米一样清澄为佳。煮燕麦可多放水，煮后会呈现黏稠糊感，若仍觉得不够细腻，可将一半放入果汁机，打成糊状后勾兑另一半，口感最佳。

燕麦粥盛碗后，加一匙冰糖熬煮成糜状的燕窝，因《本草纲目》推荐"羊乳：补一切虚，一切血""牛乳：老人黄疸，煮粥食"，再浇鲜奶提味，双燕粥就完成了。

---

①合为容量单位，十勺等于一合。

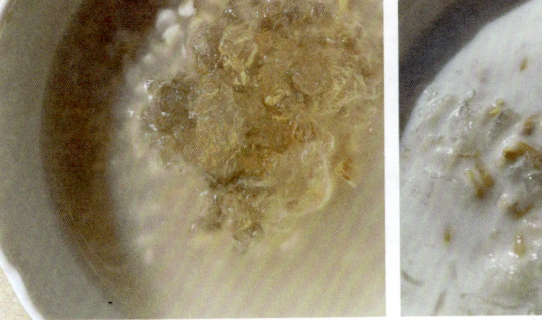

▲ 双燕粥，滋养、味美、名巧

碧粳粥

▲ 完成的碧粳粥

粥品多次出现在《红楼梦》书中,最独特的当是红稻米粥,再就是第八回贾宝玉喝的"碧粳粥"。

这天宝玉在薛姨妈处吃"……酸笋鸡皮汤,宝玉痛喝了两碗,吃了半碗饭(合些)碧粳粥",甲戌本这段文字侧,脂批"美粥名"。

河北玉田产有微绿色的粳米,清代属于贡品。《红楼梦》中的碧粳粥应是用乌进孝上缴"碧糯"所煮。

《本草纲目》语:"稻秫者,粳、糯之通称。""粘者为糯,不粘者为粳。"绿米米粒圆,性质偏粘。曹雪芹是文人,恐难界定是粳是糯。

两碗吃了半碗饭碧粳粥一时薛林二人也吃完了饭又献:的漱上茶来大

▲ 庚辰本第八回较他本侧多"合些"两字

▲ 日本《本草图谱》之粳谷图，禾本科种子常带色，是否即"碧粳"不得而知

禾本科植物种子本就多色，有红有绿，并不算太稀奇。日本弥生时代就有的米通称"古代米"，有赤、绿、黑等色，韩国也有绿米，称之为"녹미"。日韩绿米口感接近糯，东南亚用的绿米有些是染色的。

若在绿米粥中加上新鲜干贝，干贝的鲜甜加上碧糯的淡香，淡绿色的"碧粳干贝粥"不但粥美，名也美。

▶ 以韩国绿米与日本新鲜干贝所煮的碧梗干贝粥

奶子糖粳米粥

《红楼梦》第十四回王熙凤协办宁国府秦可卿的丧礼,逢"五七"时有许多道僧法事要做,至寅正凤姐就起来梳洗,"及收拾完备,更衣盥手,吃了两口奶子糖粳米粥,漱口已毕,已是卯正二刻了"。

《本草纲目》认为粳米益脾胃,更极力推荐羊乳,认为可"补一切虚、一切血",建议煮粥食。王熙凤此时被请去宁国府当此重任,一早喝"奶子糖粳米粥"充饥也兼养生。

煮粳米粥需先浸米,煮时宽水先煮滚后,以小火慢慢熬,更考究的是不盖锅盖,熬到水米不分。

奶与糖都是粥熬好才加。

▲ 奶子糖粳米粥

红枣粳米粥

粳米是当时北方珍贵的大米,贾府只有重要的主子能享用。第四十二回,平儿送刘姥姥"两斗御田粳米",并说"熬粥是难得的"。

第五十四回贾府元宵节活动快结束时,贾母觉得有些饿,"凤姐儿忙回说:'有预备的鸭子肉粥。'贾母道:'我吃些清淡的罢。'凤姐儿忙道:'也有枣儿熬的粳米粥,预备太太们吃斋的。'"

红枣过去是珍贵食材,常在《本草纲目》药方中出现,第十回张太医所开的"益气养荣补脾和肝汤"药方中除人参、白术等药材外,药引用"建莲子七粒去心、红枣二枚"。

干的红枣需先浸水,让其略蓬松易软,然后与粳米一起熬煮,容易呈现出枣子本身的香甜,也可加莲子做成红枣莲子粥。

鸭子肉粥

贾母嫌不够清淡的"鸭子肉粥"实是美味的粥品,才会特别预备作为贾府元宵节的夜宵。

贾府鸭粥的鸭,用的当是乌进孝所进"活鸡鸭鹅各二百只"之中的鸭。清初食用的鸭,一般是原生于黑龙江和乌苏里江一带的青头鸭。此一产区亦符合乌进孝所述"外头都是四五尺深的雪",走了一月零两日,才从庄园走到京城。

另有产于南方湖泊的白鸭,主要食其鸭肉、鸭血,按《本草纲目》记,这两种鸭功能各有不同。

《本草纲目》中记青头鸭治气虚寒热、腹水肿,可以"用青头雄鸭煮汁饮,厚盖取汗",按此,鸭粥可用于食疗养生。

要治水病则是"用青头鸭一只,如常治切,和米并五味(子)煮作粥食",但是"治虚劳热毒,宜用乌骨白鸭"。

▲ 完成的鸭子肉粥

▲ 荷兰插画家John G. Keulmans为1908出版的 *The Indian Ducks and their Allies* 所绘插图，图中为青头鸭

▲ 以鸭架熬出高汤，再配上鸭肉，煮成现代版的鸭子肉粥

  目前青头鸭已濒临灭绝，现在想要做鸭粥，最简单的是利用吃完烤鸭的鸭架来烹煮。

  煮鸭粥前先剔下鸭架骨上的余肉，切成小丁备用。鸭架用滚水烫过后加姜块及少许米酒，半只鸭架约以一公升半水煮，滚后须将浮沫捞出，转极小火，熬到剩七八分时熄火，放冷后过滤备用。

  要煮粥时才将高汤再煮沸，浸泡过的圆糯及粳米各半杯，加入鸭架汤中，再不停搅拌避免粘锅，滚煮后换极小火，慢慢熬到米熟。

  可加入笋丝、香菇丝等配料及盐调味，起锅前撒上鸭肉丁、白胡椒及芹菜粒。

▲《古今图书集成》之鸭图,图中所绘应为南方白鸭

泡饭

红学家有统计过《红楼梦》中的南京方言,据称数量极多。

我虽原籍是金陵,家中不讲方言,只记得小时候老爸叫煮开水为"炊水"。第二十四回秋纹骂红玉为宝玉倒茶:"……正经叫你去催水去……倒叫我们去,你可等着做这个巧宗儿。""催水"应是"炊水"笔误。

南京人称上几步台阶的小平台为"台矶",贾宝玉梦到去甄宝玉家,"……忽上了台矶,进入屋内"。

家中常吃的是书中的"泡饭",较之粥,南京人更爱泡饭,要比煮粥简单多了,将冷饭浇上炊滚的开水就成了,一般也会吃汤泡饭。

第四十九回宝玉嚷饿,贾母不让年轻辈吃端上的"牛乳蒸羊羔",要他们等新鲜鹿肉。"众人答应了。宝玉却等不得,只拿茶泡了一碗饭,就着野鸡瓜齑忙忙的咽完了。"

另一次在第六十二回,有着"热腾腾碧荧荧蒸的绿畦香稻粳米饭",宝玉看芳官将虾丸鸡皮汤泡饭吃了一碗,他"闻着,倒觉比往常之味有胜些似的……又命小燕也拨了半碗饭,泡汤一吃,十分香甜可口"。

传说泡饭是六朝时已有的古金陵食俗,除了开水泡饭,也有用茶来泡的。明末董小宛住南京时,据说也以茶淘饭,清《浮生六记》作者沈复妻陈芸,更是每饭必用茶泡。

▲ 宝玉喝枫露茶用的是重烘焙茶,泡饭后茶汤色深(上)
　可口的虾丸鸡汤泡饭(下)

水饭

中国有些地方称粥为"水饭",东北有高粱米水饭、小米水饭等。

日本初次记载"水饭",是飞鸟时期权臣苏我入鹿于645年被暗杀时,据称他入宫前吃了水饭,应只是简单的泡饭。

成书于11世纪的《源氏物语》第二十六帖《常夏》,描述平安时期初夏聚会,有冰水、水饭(氷水召して、水饭など)等。

平安末期汇编的《今昔物语集》卷二十八《三条中纳言食水饭》乙节描述藤原朝成因太肥胖,听医生建议减肥,夏天吃水饭,到了冬天则改吃"汤渍",即热汤泡饭。

朝成虽坚持夏天吃水饭,但每顿吃七八碗,配菜也十分丰富,有干瓜、香鱼及寿司等,终于吃成相扑力士体型。

室町幕府时,将军足利义政用昆布椎茸(香菇)汤泡饭,一定非常美味,日本高汤现在仍是以昆布为基底。

▲ 日本的水饭,只是用冷开水泡饭

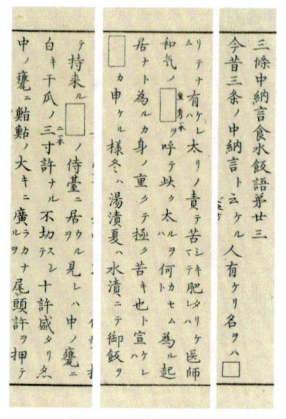
▲ 日本佛教大学藏《今昔物语集》的水饭章节

▲ 土佐光信绘《源氏物语》第二十六帖《常夏》

茶渍

日本人称茶泡饭为"茶渍け",与奈良寺庙僧侣的简素茶粥完全不同,茶渍现在已是庶民美食。

早在17世纪末日本街上已有茶渍屋,后画入《江户名所图册》(《江户名所図会》),成为当时的街景。

茶渍大多会在米饭上加添食材,以增加滋味,最常见的有梅干、明太子、鲑鱼,也有加上天妇罗炸物的。

茶渍用茶最早是一般低价番茶,后来也用焙茶、煎茶或玄米茶,有的完全不加茶,而用昆布鲣鱼高汤。近年日本已将茶渍当成国民快餐。

浮世绘名家歌川广重1833年绘的《东海道五十三次》第二十一次《鞠子·名物茶店》图中店铺是创业于1596年,至今仍营业的"丁子屋",位于静冈。当时以卖自然薯(山药)饭为主,图中的旧时招牌上除山药饭,还清晰可见茶渍两字。

▲ 浮世绘名家歌川国芳所绘之团扇上的茶渍

▲ 歌川广重《东海道五十三次》之《鞠子·名物茶店》局部图

1952年5月17日，永谷园食品推出"速溶茶渍"，只要将袋内物品倒在米饭上，再冲下茶汤，立刻成茶渍，有许多不同口味。虽一份仅售三四十元，永谷园总资产却达二百九十亿日币，可见销售量之大。现在日本各处都卖速溶茶渍，有的仍坚持传统口味。

　　日本纪念协会在六十年后，将首次卖速溶茶渍的5月17日，定为"お茶漬けの日（茶泡饭日）"，可见速溶茶渍的受欢迎程度。

　　河豚料理很适合用"没有最贵，只有更贵"来形容，最豪华的"速溶茶渍"正是下关春帆楼的"河豚茶渍"。

　　河豚肉极鲜美，人类吃河豚的历史很早，但其部分内脏有剧毒，屡传出毒死人的新闻，而有"拼死吃河豚"之说。丰臣秀吉及德川幕府时期都禁止贩食河豚，明治初年亦然。

　　1888年，山口县河豚禁令单独解除，春帆楼拿到第一张执照，成为日本最有名的河豚料理名店。

▲ 春帆楼的河豚茶渍一包三小袋装，售价为五百四十円

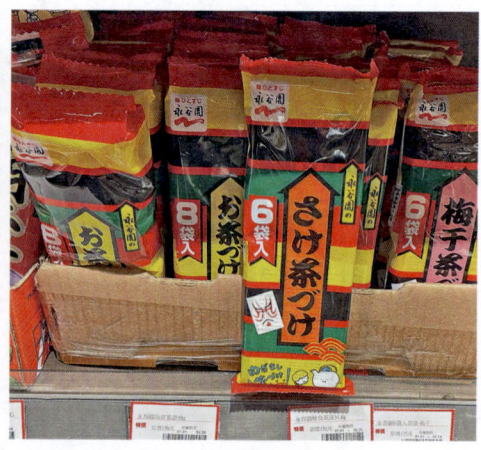
▲ 永谷园生产的速溶茶渍，是平民美食

▲ 京都祇园天妇罗名店"圆堂"套餐中的茶渍

▲ 用下关春帆楼"河豚茶渍"所泡的茶泡饭。黄色圆粒为浓缩的河豚高汤，另配有芝麻、海苔、细葱，加上绿色的山葵

中卷　韶华胜极——《红楼梦》粥册

杂炊

日式泡饭有一个特殊的名字——杂炊。这两个字出自室町时期宫女所用的"女房言葉①",是优雅而有隐喻的用词。

宫中用语先是在将军家流通,渐渐地也流行于市井。现在"杂炊"除了指汤泡饭外,亦专指利用火锅剩余汤汁加冷饭所煮的美食。

超级杂炊是美味的甲鱼、河豚、螃蟹等火锅汤所煮出来的。

昭和四年(1929)开业的多古安,原是以鲜鱼料理著称,位于大阪弁天町夕凪②。这间老店在大阪府解禁后,开始在野生河豚产季提供河豚料理。

多年前,我曾在多古安取得米其林二星时前往尝鲜,除河豚的美味外,那碗杂炊自是不凡。

煮杂炊前须将汤中所有剩余的菜渣肉末全部滤除,只留净汤。汤煮沸后加入适量冷饭,换成小火,慢慢搅匀饭与汤汁熬煮,等两者充分融合后才打入蛋汁,略拌就关火。最后加上葱花,盛入碗内后再加海苔丝、白胡椒食用。

---

① 日本室町时期宫廷女性使用的一种特殊隐语或委婉表达方式。
② 弁天町是大阪市港区的一个交通枢纽和商业区域。"夕凪"是弁天町的具体街道或区域名称。

▲ 大阪的多古安是米其林二星的河豚名店。煮完河豚火锅的汤煮杂炊最为美味

西施泡饭

《韶华胜极——〈红楼梦〉粥册》卷完美收尾,似只有台北晶华酒店三楼粤菜晶华轩的西施泡饭,才算得上辉映古今。

不同于简单的汤泡饭或日式杂炊,这款泡饭从汤头到内容都是专门准备的,并采用桌边烹煮。

鳕场蟹是主角,还有澳大利亚帝皇虾、新鲜干贝、草菇、澎湖丝瓜、青江菜丁及芹菜末,备料台如调色盘。

高汤用虾蟹头熬制,颜色浓艳,将汤煮滚后依次加入内料,在汤再滚时,下入厨房火速送来刚炸好的泰国香米,入锅一瞬间爆出的声音与喷出的香气,组合成美妙的一锅泡饭,真正的"韶华胜极"。

西施泡饭所用鳕场蟹、干贝、帝皇虾等配料（上）
颜色浓艳的海鲜高汤、酥炸香米下锅的瞬间即完成的西施泡饭（下）

▲ 南唐顾闳中《韩熙载夜宴图》局部

·下卷

浮世大千——人间的滋味

1924年，于右任等人在上海梅白格路丁福保家成立"粥会"，定期以一锅热粥、四碟小菜聚餐，追求"以粥会友、以友辅仁"，并订下"闲话家常，笑谈古今"旨趣，便是粥会之始。

　　当年粥会以白粥佐菜，我们茶粥会起源于炉主获赠一包红米，决定试煮《红楼梦》的胭脂米粥请大家尝尝，结果一发不可收拾，变成每周一中午的聚会。除了红米，白米、糙米及黑米等等加上配料，各色细粥纷纷出炉。粥友也都挖空心思，从童年常吃的瓠瓜粥、山中采得的乌甜仔菜煮粥，到家乡鹿港的蚵粥及五台山朝台下山的南瓜小米海参粥，伴着粥友们的记忆，一一带到餐桌上分享。

　　粥后喝茶，不是天价的名茶，没有华丽或侘寂的茶席，是一些偶然成为好友者自制之茶。武夷山茶家王建平所制的"正山小种"迄今完胜，红馆偶遇两岸茶王苏楠雄的炭焙铁观音一样无敌，纯粹就是大家一起喝一口好茶。

　　此卷既称《浮世大千——人间的滋味》，人日七草为始，再就是日常生活中常喝的粥。于右任等人的粥会助成丁福保尔后编印《说文解字诂林》出版，茶粥会友共襄盛举在本卷中各显身手，于粥会一百年后一起成就《食粥》本书。

▶ 日本大寒第一候为"款冬华"，日本《本草图谱》之款冬（上），寒冬冒芽，初春成为顶级天妇罗名店"圆堂"的佳肴（下）

七草粥

> 正月七日为人日,以七种菜为羹。
> ——《荆楚岁时记》

人日起源,传说是汉东方朔《占书》,以正月初一为鸡日,其后依次是狗、猪、羊、牛、马、人、谷,初七轮到人,所以称人日。

学者都认为《占书》系伪作,此一顺序后来加上八日"谷"、初九天公生及初十地生日,应该是宋朝后的泛宗教活动。之前都只是单纯的护生六畜、祈福人类平安吧。

人日春草萌发,将其嫩芽采回煮粥食,据称可以祛病强身。六朝的"七草"没有明确记录,推测为芹、荠、葱、蒜、茴香、菠菜及堇菜。

唐时习俗演变成春日吃五辛盘,以饼卷五种有辛辣味之菜蔬,称可辟厉气,五辛即葱、蒜、韭、芸薹(甘蓝或白菜)及胡荽(香菜)。

▲ 完成的七草粥

▲ 《植物名实图考》所绘之繁缕(即鹅儿肠)

▲ 紫堇实物

▲ 日本《本草图谱》所绘之紫堇

▲《成形图说》所绘之菘（芜菁）

▲ 户田祐之绘本《庶物类纂图翼》中荠、芸薹、韭等野菜

日本奈良时期新春吃"七种粥",由米、大麦、小麦、粟、黍、黄豆及红豆七种谷物熬成,类似今天的五谷饭煮成粥。

平安时期七种粥与初春采野菜的习俗演变为七草粥。

据《源氏物语》等古籍,日本七草为"芹、荠、繁缕、佛之座(或用稻槎菜)、御形(鼠曲)、菘(芜菁)及萝卜",虽说多少是受到六朝人日影响,但仅芹与荠相同。芹是水芹,不同于菜市的旱芹。鼠曲草、荠、芜菁及萝卜现仍常见。

佛之座是唇形科植物,汉文称宝盖草,也有文献改用菊科稻槎菜。

繁缕现代人虽少用,对古人并不陌生。《本草纲目》:"繁缕即鹅肠……下湿地极多。正月生苗,叶大如指头。细茎引蔓,断之中空,有一缕如丝。作蔬甘脆……"

江户时期七草节已非常普遍,成为重要的五节供之一。

▲ 日本《本草图谱》之水芹

▲ 野生的繁缕

◀《古今图书集成》的鼠曲草图

▲ 自上而下：茶树边野生的鼠曲草、春日常见的野生的稻槎菜、室生寺野生荠菜

▲ 日本现今仍重视七草节，超市或餐厅都有应节活动（王曼婼摄影）

明治维新后日本全面改阳历,七草节是1月7日(人日),桃花节是3月3日(上巳),菖蒲节是5月5日(端午),七夕是7月7日,菊花节(重阳)是9月9日,都改成了阳历。

日本七草节仍有吃七草粥的传统,超市有限定二日贩卖新鲜七草,传统餐厅也推出二日七草粥套餐。

▶ 江户时期浮世绘《春游女七草》,画中游女正在准备春日七草粥。此为歌川丰国作品

本页图片即日本盒装七草的七种植物。煮粥还有一定仪式，前一天晚上七点，或当日早上六点开始，切菜时还要念念有词。

白粥煮好后先将芜菁及萝卜切薄片加入，略滚后，将其他切碎的五草拌入略煮，煮太久嫩芽就不嫩了。

▲ 阴历正月初七所煮的七草粥。新鲜的芹、荠、萝卜，还有不知名的春日野菜

阴历正月初七经过猫空①，路边贩卖旁边菜园现采的鲜蔬，有连着嫩叶的小白萝卜、不知名的香菜，没有比这个更真实正港②的"春草"。

人日买下新蔬，决定煮一锅七草粥应"时"，原先已有为过年准备的荠菜与水芹，秘密武器是日本带回来的"干燥七草"袋，内含"芹、荠、鼠曲草、繁缕、佛之座、芜菁及萝卜"。一袋内有两包，每包为三杯白粥之量。先用一合米煮一砂锅的白粥，切碎所有新鲜菜蔬，较粗硬的先下，细嫩的后加，拌煮略滚后加干燥七草增添原味，因为还有新蔬嫩芽的脆美，煮出满满的春天气息。

---

①台北市文山区的知名景点。
②闽南话，意为"地道、正宗"。

▲ 日本粉狀的春之七草料理包,直接加入白粥內,就是速成的七草粥

莲粥

清乾隆年间人士曹庭栋自幼体弱多病，七十五岁时以其养生之道写成《老老恒言》一书，他享八十七岁长寿。第五卷《粥谱说》记录一百种粥，分成上、中、下三品，上品前三名均与莲相关。

李时珍《本草纲目》描述："（莲藕）湖泽陂池皆有之。"花为莲，茎为藕，叶为荷。夏季开花时"花心有黄须，蕊长寸余，须内即莲也。花褪连房成菂"。并说明："野生及红花者，莲多藕劣；种植及白花者，莲少藕佳也。"李时珍认为莲藕生淤泥而不染、于水中而不没，"节节生茎，生叶，生花，生藕……展转生生，造化不息"。多吃藕可却百病，也可补心、肾，益精血。

六七月时可采下嫩莲蓬，取莲子生食。秋天莲蓬干枯后，剥出的莲子称石莲子，还要敲去外壳方可用。

莲肉粥就是用莲子煮粥，养神益脾固除百疾。用新鲜莲子去皮去心煮最佳，干莲子难煮烂，《老老恒言》建议磨成粉加入粥中。

▲《老老恒言》列有上品三十六种粥，三种与莲相关的粥高居前三名

▲ 白花莲藕可采藕为食。红花莲藕莲子佳美

藕粥

藕粥以莲藕切片煮粥，可治热渴、止泻、开胃消食，甘而且香。

洁白水嫩的藕片，煮成粥后呈现出一种淡雅的粉灰色，是《红楼梦》曹雪芹笔下的藕合色。第三回"熙凤命人送了一顶藕合色花帐"给黛玉，第三十回宝玉穿"簇新藕合纱衫"，第四十六回鸳鸯穿着"半新的藕合色的绫袄，青缎掐牙背心，下面水绿裙子"。

曹庭栋书中认为，莲藕磨粉调食味极淡，即坊间原已存有的藕粉不利煮粥，另以开水冲泡而食为宜。

荷鼻即叶蒂，荷鼻粥是采新鲜的叶蒂来煮粥，书中形容其香清佳绝。煮荷鼻粥，茎叶也可一起用，有助脾胃、止渴等功能。

▲ 煮成的藕粥；冲泡藕粉及干藕粉，均呈现淡雅的藕合色

胭脂米莲子粥

金瑞

家中世交张裕屏先生多年前邀请餐叙,不知为何伴手礼中有在座吴东亮先生赠送的"台新契作"台湾米多种,其中有一包较少见的红米,马老师说:"这是《红楼梦》中的胭脂米。"

这竟意外开启了我们"茶粥共修会"的因缘。家里正好有亲戚每年都会寄来白河农会的新鲜莲子,放在冻柜中随时取出来都鲜嫩可口。于是我们决定试煮胭脂米莲子粥,想来会比书中贾母吃的红稻米粥还要高档。

▲ 加糯米的胭脂米莲子粥,色泽与口感俱佳

红米看起来像是粳米但较硬,一杯红米要加一杯圆糯混合熬煮调整,两种米都要先浸泡,大致一杯米用一公升水,煮粥多加一点水也无妨。粥煮好后加莲子,一杯或两杯看喜好,再滚就好了。

自此,每个星期一中午好友在我家厨房煮粥相会,成为粥友。自家进口的新鲜干贝加入鸡粥或各种粥中都很美味,吃完的烤鸭鸭架化身鸭粥,黑米跟龙眼非常相配,糙米用来煮古老的奈良茶粥也极优。

以茶会友、食粥养生,参考古籍及汇集各家经验,不知不觉研发出许多粥品。疫情限制聚会人数,但"茶粥共修会"从未间断。

▲ 用白河农会的新鲜莲子煮粥,仅放红米,粥汤色泽较红

下卷 浮世大千——人间的滋味

芋头粥

芋头历史可远溯到秦朝，据《史记·货殖列传》，迁虏卓氏选蜀地时说："吾闻汶山之下，沃野，下有蹲鸱，至死不饥。"蹲鸱即芋头。只要有芋头可吃，就不会饿死。

《本草纲目》载："芋粥：宽肠胃，令人不饥。"芋头和番薯均生长迅速，确实在饥荒之年救人无数。

芋头松软绵密，香气浓厚，有很多人喜欢。台湾以种植在大安溪黑砂土壤的大甲芋头最有名。

芋头的热量小于米饭，但膳食纤维为米饭的四倍，有"淀粉类中的蔬菜"之称，符合养生概念。

煮芋头粥可将米与芋头同下锅，滚后换小火煮到芋头酥软。

芋头煮咸粥可加香菇、虾米、肉丝等，将芋头切块后先过油比较容易煮烂，其余配料先炒过，加入浸过水的白米，一杯米配一公升水混合煮，滚后加入芋头，再滚后换小火慢慢熬煮。起锅前可加香菜或芹菜末混煮，起锅后再自行添加亦可，提味不能少的是白胡椒。

▲ 《成形图说》之芋头图

▲ 煮粥以大甲芋头最佳

柿饼粥

▲ 1656年耶稣会来华传教士卜弥格 *Flora Sinensis* 的柿子树插图

柿饼粥完全是计划外的,冬日鼻子不通,看《老老恒言》上引《圣济方选》,柿饼粥可治,兼健脾涩肠、止血、止嗽,不免一试。

太阳晒干的称白柿,炭火烘干的是乌柿,想要疗效好宜用白柿。如果柿饼生出白霜,有霜煮粥更佳。

正好有出霜的柿饼,切片后拌入煮好的白粥,不但好吃还真管用。

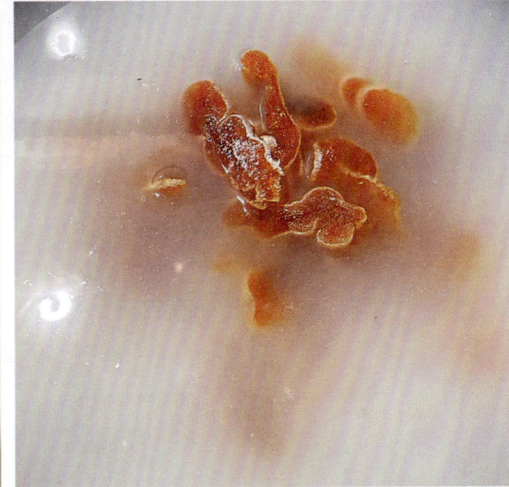

▲ 仿《老老恒言》作柿饼粥，书中所引《圣济方选》系王士雄成书于咸丰元年（1851）之中医方书类文献

龙眼粥

初中时非常喜欢郭衣洞（柏杨）的小说，有一篇《龙眼粥》，故事主角每到月圆之夜，梦中便有龙眼粥飘香。

十多年前，黄一农老师请孙观汉先生与柏杨二老友吃饭，我正好那天有课，也被请去相陪。故事背景是新竹，我就跟柏老说，您的小说每一篇都好看，而《龙眼粥》前世今生的召唤，更是印象深刻。

龙眼又称桂圆，所谓新鲜水果为龙眼、晒干为桂圆不全然正确，因成熟于桂树飘香时，北方称桂圆。

▲ 紫米赤豆龙眼粥

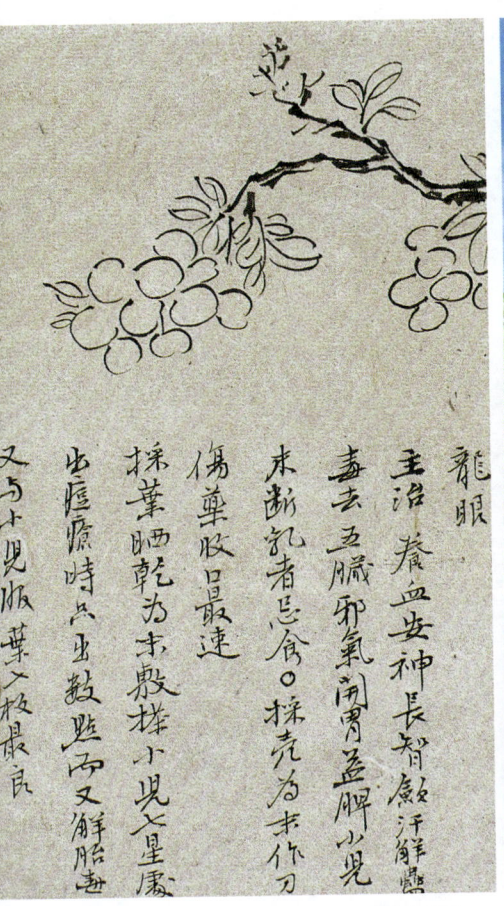 

▲ 清乾隆三十八年（1773）朱景阳抄本《滇南本草图说》之龙眼图

▲ 陶艺家苏保在工作坊的龙眼树

▲ 紫米赤豆龙眼粥料

新鲜龙眼不易保存,用炭火慢焙成连壳的干果后不但能保存,还有香甜的风味,煮龙眼粥即用干果。

传统煮龙眼粥用糯米,煮好还要加米酒,近年注重养生,改用紫米。紫米即黑米,国际文献以黑米概括两者。因浸米后的水及米汤均呈紫色,紫米也比黑米听起来浪漫。

紫米有糯及非糯两种,煮粥以糯性为佳,一样需先浸米半天,煮滚后换小火继续熬到米软后,才将剥好的龙眼干下锅,略拌煮就要熄火,才吃得到龙眼干炭焙的甜香。

我会加炒好的豆沙拌到粥内,增加口感及甜度,或直接将煮好的红豆汤加入,成紫米赤豆龙眼粥。

好吃的秘诀是红豆、紫米因熟软需时不同,要分开煮,龙眼则不能煮太久,还要适量的砂糖提味。

▲ 1844年《柯蒂斯植物学杂志》（*Curtis's Botanicla Magazine*）第七十卷的龙眼插图

乌甜仔菜粥来了

吴璧人

曾听北美原住民长老分享,他们辨识可食植物,是学习野猪择食的偏好。他们对于药用植物的了解,则源于对鹿的细心观察。

蔬菜在远古时期全是唾手可得的野菜,为了方便采集,聪明的人类开始尝试种植野菜,一些植物就此逐渐被驯化,成为我们现在仍继续栽培的蔬菜。现在,除了少数民族以及亲近土地的人,普遍都失去对于野菜的辨识能力。小时候在南部乡下,课后天还没黑,派小朋友出去拔野菜,这是一件生活里极寻常的事情。

▲ 煮成的乌甜仔菜粥,及郊外已结满黑色果子的野生龙葵

▲ 1479年僧侣维特·奥莱斯（Vitus Auslasser）手写草药书的龙葵图，台湾少数民族认为龙葵能解酒

有些野菜是给猪吃的,有些野菜是可加菜用。那时跟着同学屁颠屁颠去野地玩耍,也认识了不少植物。

野地里常见开着小白花的乌甜仔菜(龙葵),是老一辈人的食材,采摘顶部的几片嫩叶,抄一盘菜,或用来煮咸稀饭。

小时候常在同学家写功课,吃着乌甜仔菜咸稀饭,十分鲜美独特,不知是否是隔灶的饭香?

贪吃又好奇的小孩子,则等着采摘变黑的浆果来吃,酸酸甜甜味道很像小西红柿,长大才知道小果子含龙葵碱,具毒性,不宜多吃。傻眼!

大嫂嫁进门后,我们经常可以吃到她煮的乌甜仔菜粥。长大后她教我们,先将碎肉、香菇、红葱头爆香,加到稀饭里一起熬,最后放入洗摘好的黑甜仔野菜,再焖煮一会儿,一道香喷喷的咸粥就起锅了!

至今,一旦回娘家,小姑子们仍会缠着大嫂,催讨这道满满乡土气息的乌甜仔菜粥,来回味!

▲ 《古今图书集成》所绘之龙葵图

▲ 龙葵白色的花与尚未成熟的绿果

▲ 野生龙葵的新叶是煮粥好料，配肉末与多种菇类

瓠瓜、丝瓜粥

黄虹霞

▲ 《成形图说》之瓠瓜绘图

田园陌陌！五十多年前台北市敦化南、北路周边的场景。

那是个日出而作、日入而息，全家总动员的时代。农务要遵循岁时，不论日头多大，还是刮风下大雨，插秧、除草，收割时节男人、大男孩们天刚刚亮，上午六点多已经在田里工作，中午略作休息，太阳快下山时收工。

女士、大女孩们也不得闲，粗重农务负荷下，早、中、晚三餐是不够的，上午十点及下午三点左右要各加一餐轻食，通常是物尽其用，早上、中午多煮点饭，利用剩饭加水煮粥，再加些自家菜园的当令蔬果，瓠瓜（匏仔）及丝瓜（菜瓜）是其中最寻常合宜的。

回忆是甜蜜的！失去的更倍觉美好！当年果腹的粗食，也可以是今天的轻食美味，因为在地新鲜。新鲜自是美味！

四人份做法

材料：瓠瓜一颗（或菜瓜两条或竹笋……）切丝，肉丝半斤，虾米或虾皮适量，一杯米量的饭，高汤及水共约一公升半，盐少许。

高汤及水煮沸后加瓠瓜丝、米饭及虾米煮至熟软，再加肉丝及盐，再煮沸滚即可简单清爽轻松上桌。

附记

"种匏仔生菜瓜"？这是好玩的歇后语。

匏仔、菜瓜晒干了，前者变身为吉祥葫芦，对切后也可以是水瓢；后者是刷锅的天然菜瓜布。那物尽其用的环保年代，有趣？想念哟！

▲ 完成的瓠瓜粥，材料除瓠瓜、白米外，还有肉丝、虾米及蒜

儿时记忆中的那碗"白"粥

蒙维爱

▲ 一碗朴素淡雅、层次丰富的白粥

温州街午后阳光,优雅的瓷器,一碗白色糯糯微甜的粥……这是在长辈家吃的点心,我童年的记忆。

长辈是外公的堂姊,十分宠我。在我刚上小学不久就去世了,长大后我才知道她是大名鼎鼎的蒋碧薇女士。可惜她家那碗点心再也没法吃到,我只记得白色、豆浆及有莲子与百合脆脆的口感。

这几年每星期一中午固定有个粥会,我一直想复刻姑婆家的粥与粥友们分享,只是不太记得内容,直到看到美食家王瑞瑶的六白粥。

▲ 六种白粥材料：小薏仁、莲子、山药、百合、糯米和豆浆，都是白色

王女士所有食材都用白色：小薏仁、莲子、山药、百合、糯米及豆浆或牛奶。与我记忆有几分契合，决定先在家做看看，一试之下正是童年熟悉的味道！太感动了。

为什么这么执着于白色？美食家说是"想把白的感觉无限延伸"，虽然只是粥，也可以同时兼顾有料又风雅的质感。就像姑婆的白粥，大约是她绚烂的人生，即使在晚年的平淡中，仍有复杂的层次吧！

在家开心地准备食材，我用糯米及白米各半，配上泡发的白木耳、百合、白薏仁、日本山药、新鲜白河莲子，用白豆浆无糖炖煮。

成品十分清雅，有淡淡的香气，所有食材的属性，清心养神外也养胃。端上桌咕嘟嘟冒泡的瞬间，人间的烟火香扑鼻而来。

虽似我儿时记忆中的味道，但此粥经美食家王瑞瑶加持，已极致讲究；无论甜淡，我们都可细细品味个中滋味的美好。

▲ 未切丁前的山药

▲ 新鲜百合的块根

▲《成形图说》各色百合花图,均有块根

鲍、参、翅、肚

清代起,"鲍、参、翅、肚"就被列入八珍,其余四种是燕窝、鲥鱼、干贝及甲鱼裙边。烹煮这些珍贵的顶级食材有一定难度。鲍、参、翅、肚都是干货,需经过烦琐的泡发手续才能使用,没有这手功夫称不上达人。

干货都要先用清水清洗干净,然后再用冷水浸泡,天热时要勤于换水,也有主张放入冰箱冰发效果更佳,但必须密封,以免与冰箱气味相互影响。泡发的共同注意点是所有器皿都必须干净无油,否则会莫名其妙地失败,海参还会溶解。

鲍、参、翅、肚需要浸泡的时间不同,处理上比较简单的是肚,其次是参,最复杂是鲍。

泡软后就要"煮发"了,一般可用葱姜水滚煮,翅肚大多用蒸的,怕胶质流失,蒸笼水内放姜片。

鲍、参大致需滚煮三次,每次滚煮不能太久,五六分钟后熄火。共同的注意点是必须等到水自然冷却后才取出清洗,并清理杂质,如鲍鱼的牙及海参的肠。放入冰箱继续泡更佳,如此反复直到完美。

海参属于棘皮动物门,同门生物有海星与海胆。海参生长在朝鲜半岛与日本海的低温海底,日本成书于712年的《古事记》即有记载,称其为海鼠。江户时期其内脏海鼠肠与海胆及乌鱼子是"三大珍味"。

后因人参更珍稀,海鼠称海参,参、鲍、翅都是日本很早就输出的昂贵食材。为便于保存,这三种食材均经过干燥,煮前考验泡发功力。

▲ 干鲍鱼、海参、鱼翅及各种不同类型的花胶

鱼翅捞饭

近十年来欧美国家都禁售鱼翅，美国夏威夷州最早立法也最严格，禁止餐厅出售及民众买卖，违者罚五千至一万五美金，三犯判监一年。

20世纪70年代初香港股市狂飙时，股民们日日有斩获，反映在饮食消费的阔绰，当时流行用"鱼翅捞饭"来形容这种"食得富贵"。

鱼翅取自鲨鱼鳍，明代列入八珍之一，其余都是现今不推荐的保护类动物。清代鲍、参、翅、肚均为八珍。

鱼翅的营养价值并不高，其蛋白质属于不完全蛋白质，人体不易吸收。鱼翅的美味来自鸡、火腿、干贝、瘦肉等炖煨熬出的高汤。

鱼翅捞饭，即是以鱼翅拌饭。随着经济波动，浮华好景并不久长。

▲ 完成的鱼翅捞饭

花胶瑶柱海鲜粥

"肚"又称"花胶",由大型海鱼的鱼鳔晒干制成,越大越厚越贵,其中极品为黄鱼肚。

花胶一般是煲汤用,增加汤头的稠度及胶原蛋白养分,是极名贵的餐点,替代鱼翅的首选。

广东人做粥,以花胶瑶柱海鲜粥最著名,煮粥用一般筒胶即可,也可添加些较厚的其他花胶。筒胶较小,水滚后下锅,再滚熄火,冷却后洗净泡水放冰箱,约一晚变得较大厚软就完成了。

广东粥大多为现煮,四五条筒胶配四五粒瑶柱(即干贝),瑶柱也是干货,要先浸在料酒中蒸软,撕成细条才能使用。

海鲜则可随喜好备料,像虾、花枝(墨鱼)、蛤蜊洗净后用姜酒略拌。花胶切丝与干贝丝及米同煮,一合米(约150—180克)配一升水,滚后换极小火熬。粥与料充分融合后放下海鲜略滚。

煮粥时宽水,下海鲜料时也要水分充分,依个人喜好可加芹菜末、榨菜丁、白胡椒及盐调味。

▲ 完成的花胶瑶柱海鲜粥

泡发完成的花胶与干贝晶莹剔透（上）
各色生料海鲜（直接生食的海鲜）可随个人喜好增减（下）

花胶糙米鸡粥

十多年前在明水路"三九七"吃到好吃的糙米鸡。端上桌的砂锅中整只鸡浸在糙米粥中,粥已熬到水米难分,比单纯的鸡汤好喝健康。

近来有几家米其林星级餐厅,也推出糙米鸡粥,熬粥是明火慢炖,完全不见米粒,功夫了得,或加新鲜鲍鱼薄片,或加厚片花胶,是取代鱼翅的宴席汤品,甚是美味。

花胶的种类极多,价格跟鱼的种类及胶的大小厚薄都有关,小片的白花胶一样是胶原蛋白,价格亲民很多,且泡发容易。

约一两白花胶洗净后浸水隔夜,花胶片泡软即可,将水煮滚后投入花胶,后再滚五分钟内即熄火,放到水自然冷,取出洗净后再浸水放入冰箱冷藏,每日换水,约三天,已非常柔软可用,此时由透明变白、变厚,重量约增加一倍。将花胶加入煮好的糙米鸡粥内,即完成。

▲ 小白花胶泡发过程，从透明到厚白即完成，及煮好的花胶糙米鸡粥

鲍鱼粥

鲍鱼古代称"鳆",《汉书》:"莽忧懑不能食,亶饮酒,啖鳆鱼。"曹植曾向臧霸要鳆鱼二百,以祭祀他父亲,曹操也喜欢鲍鱼。

鲍鱼生长在低温海岸,宋朝时期有自日本输入的品种,称"倭螺"。苏东坡有《鳆鱼行》诗:"东随海舶号倭螺,异方珍宝来更多。"

鲍鱼价格与产地、大小都有关,日本、墨西哥都是昂贵鲍鱼产地。其一斤有几只就算几个"头",头越少越贵,三头鲍已几乎绝迹,牌价约台币十五万以上一个。

墨西哥罐装鲍鱼也算极品,一罐装一个半的超过五千台币,用来煮鲍鱼粥是非常奢侈的。

一整罐鲍鱼先切丝,再加点鸡肉细丝,亦有增加美味的功能。将罐头鲍鱼汤汁与细嫩姜丝煮滚,若太淡可略加盐调整,加入熬好的白粥,最后加鲍鱼与鸡丝拌匀起锅。

▶ 用墨西哥罐头鲍鱼及鸡丝煮成的鲍鱼粥

▲ 歌川国贞1832年所绘《势洲鰒取图》，纽约大都会博物馆藏

▲ 香港米其林星级粥店及其招牌鲍鱼鸡球粥

广东粥不同于其他粥，会先煮一大锅白粥，然后按粥的内容如及第粥或鱼生粥等，一碗一碗下料。

香港粥品以20世纪40年代成立的何洪记为最，1996年以其招牌云吞面为名开的粥面店"正斗"得到米其林一星。

"正斗"有一碗鲍鱼粥的价格惊人，要港币五百九十八元，内有六两墨西哥野生鲍鱼。

我认为最好吃的是店内最便宜的及第粥，粥内猪肝、猪肚、生肠都是滚粥内下生料熬成。粥名一说系南海县人（今佛山市内）伦文叙爱吃杂底粥，明弘治十二年（1499）他高中状元后，为好兆头，易名"及第粥"。

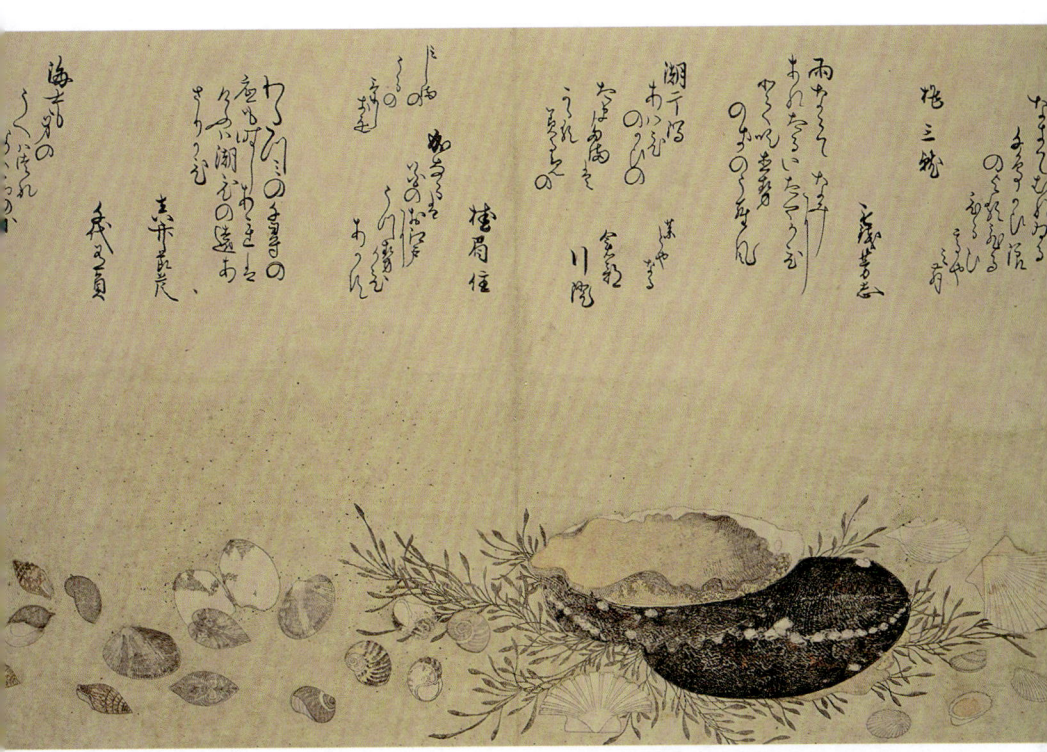

▲ 喜多川歌麿绘《鲍鱼图》，纽约大都会博物馆藏

双鲍粥

1996年农试所彭金腾培育侧耳属菇类新品种,因其白色肉质厚菌柄,质地及口感均类似鲍鱼,申请专利命名为杏鲍菇。

新鲜的小鲍鱼价格没有干鲍那么昂贵,与杏鲍菇这种亲民又美味的食材组成双鲍粥,岂不是与双燕粥一样是"美粥名"?

先将新鲜鲍鱼洗净,用葱姜水略氽烫捞起,杏鲍菇切薄片,用糖、酒及酱料略炒,加嫩姜丝及白水滚煮(也可用高汤),加入煮好的白粥,煮滚后再加鲍鱼略滚即可。

杏鲍菇可多熬煮,汤汁更鲜美,也不影响口感。但新鲜鲍鱼只可略煮,以维持其鲜甜嫩脆。

▲ 完成的双鲍粥，食材有杏鲍菇及鲍鱼，称作双鲍

南瓜小米海参粥

苏怡

▲ 南瓜小米海参粥

　　五台山朝台后,为赵州桥我们去石家庄。晚餐是自助餐,却有一个小碗是按人头发到每桌上,那是极平常的南瓜小米粥,加了一小片海参变得金贵,北方人原来这样吃海参。

　　我非常爱吃南瓜,觉得怎么做都好吃,决定试做南瓜小米海参粥。第一步工作当然是发海参,需要一周时间才能发好,切成薄片备用,自己吃当然海参可多放几片。

　　南瓜营养丰富,传统的南瓜色泽金黄,又称金瓜。另有绿皮的称日本栗子南瓜,味道更甜、更松软适用。

▲ 南瓜与京都金网名家的金编篮子（上）
　 海参及南瓜浓汤（下）

▲ 阿道夫·米洛（Adolphe Millot）所绘《自然绘图》中的南瓜

煮南瓜小米粥，小米需洗净并略浸泡，煮滚后加上切成小块的南瓜，不需煮太久就可软烂。

为了增加色彩及美味，还可加添红枣跟枸杞。红枣需先泡软，枸杞则略洗一下即可，煮时先放红枣，起锅前才加枸杞，这三种材料都有天然的甜味，就不必再加糖。

先盛出南瓜小米粥，上面加上切片的海参，复刻了石家庄的回忆。加了红枣和枸杞的粥，已经够花团锦簇的，就不再加海参。

粥友们都认为这碗粥跟我的衣着很像，人生是可以多彩多姿的。

▲ 烹煮完成的南瓜小米红枣枸杞粥；材料有栗子南瓜、小米、红枣、枸杞及海参

广安宫前的虱目鱼粥

记忆中最难忘的一碗虱目鱼粥,是 1978 年夏的一个清晨,《汉声》杂志的姚孟嘉带我跟蒋勋走入赤崁楼附近一间庙宇的中庭,抱厦下停一粥摊,四周廊下都放满桌椅,不到七点这里已是人声沸腾。

找了空隙坐下,汤锅白烟袅袅,老板伙计都忙着在边上整理刚送来的虱目鱼,快到七点时一大捆刚炸好的油条送来,老客人们熟练地自行取用,七点整一碗碗热腾腾的虱目鱼粥送到面前,美味无比。

虱目鱼虽美味,但鱼体有二百二十二根鱼刺,记得我就卡了一根,到嘉义找了耳鼻喉科医生才夹出。

后来我才知道这庙叫广安宫,传说原在宁靖王府侧称"王宫",可考资料则是创建于雍正元年(1723)。

嘉庆年间这一带称米街,庙前石精臼卖着各种小吃,虱目鱼粥摊设立于 1946 年,卖泉州式的半粥,用干饭加高汤再煮成类粥的泡饭。

▲ 广安宫前门,1933 年

▶ 虱目鱼粥搭配油条

▲ 虱目鱼粥的材料

1998年广安宫要整修,粥摊被请出庙埕,其后二十余年整修无进度,粥摊搬到公园路以"石精臼庙口阿憨咸粥"继续营运,仍以虱目鱼粥为主打。后来去台南时也吃过两三次,当然还是很好吃,却没有坐在庙宇中庭吃的那种风情。

虱目鱼原生于热带海域,可能是四百多年前荷兰人自印度尼西亚引入养殖,尔后一直是南台湾美食,如今很多养殖池已改种电(在水池上架设太阳能板发电)。

试煮记忆中那碗虱目鱼粥,准备了一片去骨的鱼肚,自家做没有虱目鱼鱼骨,就用一般鱼骨加虱目鱼丸熬。做泉州式的要用干饭,配料姜丝、油葱、芹菜末及白胡椒外,当然不能少的是油条。

先将鱼肚洗净放入葱姜水中氽烫半熟,捞起备用,高汤煮滚后加入干饭拌开,要米粒分明汤澄清,所以不能多煮,放入鱼肚后滚后就熄火,起锅后加油葱、芹菜末及白胡椒。

我家的虱目鱼粥

汤月碧

我从小在台南生活,最好吃的虱目鱼粥当然是我妈妈煮的,记得我还住在台大宿舍时,有日早上,亲戚寄来新鲜的虱目鱼,妈妈正在烹调,邻居李鸿禧教授过来感谢我替他治疗鼻子,果然闻到香味,吃了一碗后,大赞是他吃过最美味的虱目鱼粥。

我家祖先来自泉州,妈妈的虱目鱼粥是泉州式的泡饭。虱目鱼只取鱼肚,秘方是用新鲜海瓜子熬煮的高汤,只取汤汁。

另一特色是不用芹菜,用新鲜的韭菜花丁,油葱改为自制的蒜酥。

先将高汤煮滚,然后加入虱目鱼肚,有时还会加蚵或蛤。调好味后加饭、蒜酥、韭菜花丁,最后撒上白胡椒及香菜就好了。

▲ 虱目鱼养殖池,台南过去随处可见

粗饱细味鹿港蚵粥

心岱

鹿港是海产宝库,其中"蚵仔"料理要数普罗小吃第一名。在煎煮炒炸之中,有一款"蚵粥"看似平凡无华,做法简约得令人吃惊,然而如果掌厨得法,当粥入口、咀嚼之时,却能品尝出瞬间的璀璨,享受到味觉高峰。

这个口感,主要来自蚵园的养殖方式与潮汐涨退的地势环境。鹿港蚵仔半天浸泡在海中摄食,半天暴露在空气中,生长缓慢,肉质结实有嚼劲,且大小适中,又称"珍珠蚵"。不像其他地方采用棚架垂挂式,蚵整天都在水中摄食,体型肥大,但肌肉相对小。

口感殊异的鹿港蚵仔,以夏天最为当令,营养鲜美的蚵仔,在调制粥品时,各家有各自搭配的食材,我家所准备的,则是最单纯的三样:高汤、米饭与芹菜珠。

准备高汤一锅,放入米饭待滚,蚵仔清洗沥干,在筛盘撒上薄薄的地瓜粉,然后倒入沸腾锅中,起锅前加上芹菜珠。

从锅子大小,水温、火候,乃至淘米、煮饭,以及芹菜珠的刀工,没有繁复的讲究,但时间就是这简约到极致的过程,从吃粗饱到品细味的追求。

▲ 完成的鹿港蚵粥

▶ 摄影家陈文发拍摄的彰化潮汐滩地养蚵的景象

◀ 鹿港蚵粥

后记

朝粥体验

日本近年开始流行"朝粥",粥友们计划旅游开放后要一起去"体验朝粥"。最向往的理想场域,当然是京都米其林三星的瓢亭。

瓢亭原是南禅寺入口处的"腰挂茶屋",即参拜者等待休息之处,已有四百多年的历史,有名的点心是半熟蛋"瓢亭玉子"。

瓢亭1837年之后改为怀石料理料亭,即使是朝粥一人份也要六千日币,虽非常昂贵,但提前两个月订,仍是订不到。

最后预约了离京都车站不远,西、东本愿寺间的西洞院酒店,会选择它全然是方便与意外,官网宣传饭店设计"通过光影来感受京都的侘寂之美"也是回台后才看到。

这份粥是以全黑色陶器装盛,菜式与饭店提供的和式早餐差不多,只是饭换成粥。这家店虽设计全然是西洋极简的现代建筑,用的杯盘器皿也现代,但食材用料选择非常用心,处处展现京都人传统日常生活独特细微氛围。

粥友们一同在京都体验朝粥（上）
全部黑色器皿的一份朝粥，呈现侘寂之美（下）

米用的是"八代目仪兵卫"①专门煮粥的米,老米店年轻一代推出十二种米用十二种不同颜色京都风吕敷包的礼盒称"偲满",其杏黄色的"粥"专门煮粥,粉紫色的"鮨"为握寿司专用。

配菜西京烧鲭鱼是用1847年创立的"御幸町关东屋"的京味噌,盐用丹后"琴引の塩"②酱菜中"すぐき酸茎"(酸茎渍)的原料芜菁只在京都上贺茂、西贺茂一带种植,是过去仅供皇宫食用的"御所菜";赤紫苏渍胡瓜源自建礼门院隐居大原所赐名之"柴渍け"③。

食物原料各有来头,此次体验绝不输瓢亭。

以"八代目仪兵卫"的粥米煮的白粥(上)
京味噌的西京烧鲭鱼(下)

---

①京都一家以大米料理闻名的餐厅。
②日本传统盐,产自日本四国岛的丹后半岛琴引滨。
③柴渍,用酱油腌制的小咸菜。

▲ 《本草图谱》芜菁图中最接近"すぐき酸茎"的图

— 尾声 —

侘寂

书以茶始,亦以茶终。

京都往奈良近铁特急车厢内,满满一车老外,下车后没意外地全往东大寺奔去。相反方向是条几乎没有一丝古意的街道,走着走着就见路口有一石碑,一面刻了"茶道发祥地",另一面是"茶礼祖村田珠光旧迹称名寺"。周日的称名寺,正门围着防鹿栏栅,推开边门,全寺竟空无一人,寂静到令人害怕。进门左侧深锁的独立院落,是1818年重建的茶室"独卢庵",以树为篱的隙缝中可一窥外观。

1433年,十一岁的珠光在称名寺出家,二十岁时离寺到京都,一说他曾随将军足利义政茶师能阿弥学茶。将军家传承的书院茶崇尚唐物,特别是宋代茶碗,当时贵到"一碗可换一城"。茶勺用象牙、牛角等昂贵质材精制,非常人能及。

▲ 称名寺入口

▲ 奈良称名寺假日大门、大殿均深锁，空无一人

▲ 奈良"茶论"之仿珠光竹茶勺

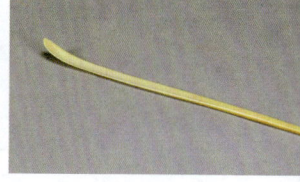
▲ 传说由村田珠光所做的象牙茶勺，东京国立博物馆藏

珠光曾对义政说："一味清静，法喜禅悦……内蓄和德。交接相见处，谨分敬分，清分寂分，及至天下太平。"也许有感于书院茶会的贵族氛围、精致茶器不接地气，而倡导"谨敬清寂"的侘茶。

应仁之乱（1467—1477）时，他又回到了奈良。

离开京都后的珠光有很大改变，相对于书院茶，他的茶算是草庵茶，一说因他向一休大师学禅时，曾被师傅突然棒碎名贵茶器，觉悟到不再执着于物质的牵绊。（日本亦有完全否认珠光的门派，认为此事为杜撰。）

称名寺中有竹，称是珠光手植，他用这种奈良竹自制茶勺，形式跟他用象牙做的茶勺极类似。茶碗则用一般青瓷，非常朴素。东京国立博物馆藏有此象牙茶勺及号称的珠光茶碗。

他的茶具如煮水陶风炉釜，盖是破的，壶和碗有些都是修补过的。

有一说他这样做是为倡导"和汉无境"，消弭一般人跨不过中国名品的鸿沟，经他推荐的本地茶器如乐烧，目前也都价值连城。

▲ 珠光青瓷茶碗，南宋，东京国立博物馆藏

侘茶的精神中包括简单与不完美，或因他见过义政的"马蝗绊"（日本名称，马蝗即蚂蟥）。此为宋龙泉窑青瓷茶碗，破损后送回中国比照另购同款，明代已烧不出宋瓷，工匠仅以数个锔钉沿着裂缝痕钉补加固，如蚂蟥吸附而得昵称，这样的缺陷美竟然受到茶道界极致推崇。

日本古有修补陶器的技术，室町时期发展出"金継ぎ"（又称"金缮"），是将破损的陶瓷以漆接着，再填上金粉（或银、黑或白粉），日本有蚊足、无衣、百川三个门派，也有奉珠光为祖师者。

珠光用的修补过茶碗是"锔钉"或金缮，现在已不得而知。此种理念是将修补视为对象的一部分，而非掩盖。不论以金缮或锔钉修补，都能呈现出几乎超越完整品的美。不活到一个年岁，无法明白创伤与挫折，原来是生命的一部分，经历过才能体会出这种侘寂之美，是超越无痕的完美。

▲ 林静雯用黑漆金缮之茶杯

▲ 用银钉锔钉之苏保在瓷壶

▲ 马蝗绊，南宋青瓷轮花茶碗，东京国立博物馆藏。日本被指定为重要文化遗产的茶碗共四十七个，此为唯一破碗

参考书目

古籍

《荆楚岁时记》南朝梁·宗懔

《茶经》唐·陆羽

《膳夫经手录》唐·杨晔

《源氏物语》《今昔物语集》日本平安时期

《吃茶养生记》日本镰仓时期·荣西

《东京梦华录》南宋·孟元老

《山家清供》南宋·林洪

《本草纲目》明·李时珍

《几暇格物编》清·爱新觉罗·玄烨

《在园杂志》清·刘廷玑

《古今图书集成》清·陈梦雷、蒋廷锡

《红楼梦》清·曹雪芹

《老老恒言》清·曹庭栋

《关于江宁织造曹家档案史料》

文稿

《虚栗·跋》日本江户时期·松尾芭蕉／郑清茂译

《略论明清时期中国与东南亚的燕窝贸易》冯立军

图录

源氏物语画帖

土佐光信是室町时代土佐派画师,当流十三代中兴之祖。在大和绘诸流之中,画风纤细,为朝廷的御用绘师。其《源氏物语画帖》为哈佛大学艺术博物馆藏。

欧洲草药书

1479年德国僧侣维特·奥莱斯完成的手写草药书,有198幅插图描绘中世纪欧洲植物。本书除了引用龙葵,左图金钱薄荷,在欧洲的民俗植物学中有食用、酿酒、制奶酪、药用、香料等用途,这些植物对今天的研究仍然很重要。

古今图书集成

原由陈梦雷自康熙四十年(1701)开始编纂，雍正四年(1726)由蒋廷锡完成，总共一万卷、一亿六千万余字，且有万余幅图片，其中植物图虽线条简单但描绘翔实，古籍中的植物可以找到印证，本书多处引用。左图也是薄荷。

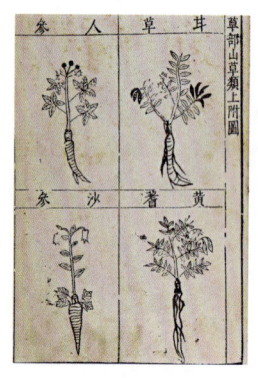

本草纲目

李时珍《本草纲目》万历年胡承龙原刻本，被列入联合国教科文组织世界记忆名录，此书是中国传统医学最完整、最全面的医学著作。作者汇整、分析并描述所有被认为具有药用价值的植物、动物、矿物等，且补正过去病因及药理的错误。他远涉偏乡采药及搜集标本，遍访名医宿儒及乡井平民搜集验方。

本书引用书中一些相关文字，虽有一千多张图，其精准度差，美感有限。

本草图谱

日本本草学家岩崎常正有鉴于历代本草之图简易不详，愿补其阙。他通医理又善绘画，除寻访田野，自己亦种植盆栽，前后二十余年成《本草图谱》一书。

全书九十五卷，收录植物近两千种，分类仿《本草纲目》如山草、芳草、湿草、菜部、果部、乔木等等。目前日本及美国国会图书馆均有收藏,均始于卷五。且五至八卷为木刻,后经费不足改手绘。

本书引用该书图画多幅,特别是用于七草粥中如繁缕等植物。左图特别选用木刻版的黄耆,较之《本草纲目》确实精美。

成形图说

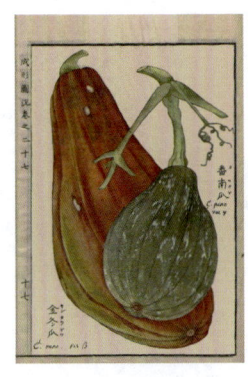

本书引用《成形图说》多幅彩图,此书为江户后期萨摩藩主岛津重豪,参考百年前金泽藩稻生若水编《庶物类纂》等书,命其臣下本草学者曾占春及国学者白尾国柱编成的农书百科事典。文化元年(1804)初版,全书并未完成原规划的一百卷。

荷兰莱顿大学收藏菲利普·法兰兹·冯·西博德(Philipp Franz von Siebold)医生自日本带回的彩色版,图共一百零三幅。

植物名实图考

吴其浚所著《植物名实图考》,为附图一千八百幅的植物图谱,作者系嘉庆二十二年(1817)状元。左图为龙葵,本书亦引用其繁缕,均为白描线图。

庶物类纂、庶物类纂图翼

金泽本草学者儒医稻生若水编写《庶物类纂》，由弟子丹羽正伯完成的一部博物志，共465册。《庶物类纂图翼》是由旗本户田祐之献给江户幕府的药草图集，共28册，约530张户田祐之绘细密彩图，1779年完成。

左图为日本国立公文书馆藏本之龙葵，可与欧洲及中国对同一植物之不同描绘比较。

浮世绘

日本17至19世纪盛行的版画艺术，"浮世"喻在尘俗人间的漂浮不定，对近代西洋艺术亦影响深远。歌川广重的名作《东海道五十三次》，本书引用局部，左图为第二十一次全图。尚有：歌川丰国《春游女七草》、歌川国贞《势洲鲼取图》、喜多川歌麿《鲍鱼图》。

自然绘图

阿道夫·米洛是法国国家自然历史博物馆自然历史的高级插图画家，他也是石版画家以及昆虫学者。左图为本书局部引用南瓜之水果图全图。

致谢

感谢茶粥会粥友，多年来共度"以粥会友，笑谈古今"的欢乐时光，鼎力鼓励本书出版，为大家共留美好的回忆。简静惠主催并赐序，写得极为感人，为本书增光。炉主金瑞提供场地及食材，丰富了粥会内涵，亦撰文记录始末。粥友郭贵婷、黄虹霞、蒙维爱及苏怡（按篇排序）撰文，王曼婞正巧在东京过七草节，拍摄照片，都丰富了本书内容。

近半世纪的好友吴璧人与心岱，亲手烹煮并撰写家传的粥品，共襄盛举。汤月碧医生听闻有此书，截稿日还传来食谱PK虱目鱼粥。

李瑞宗博士协助找到一丛繁缕，也鉴定了木香与茶蘑。童元方教授去香港领奖，被抓差拍摄香港故宫文化博物馆所展乾隆三清茶杯。刘静敏教授提供偶在干涸明德水库底拍到结实累累的龙葵。简秀枝及《典藏》杂志协助取得马蝗绊照片的链接。除了台新契作的红米开启粥会因缘,友人阮虔南所赠家中日晒白米,亦为各款细粥基底,王玲惠家的梅花瓣,做成梅粥。新城公司特选六款粥品,生产为即食粥品,让我偶发奇想的双燕粥、双鲍粥竟然成真,还有其他协助的亲朋好友,在此一并致谢。

感谢1978年与我时报文学奖同榜老友张大春赐序,他的文采风格独树一帜,了解粥文化远胜于我,书法也已成大师级,倍感荣幸。